THE INTERNET POLITICS
AND CHINESE GOVERNANCE
IN THE PLATFORM AGE

微力无穷

THE INTERNET POLITICS AND CHINESE GOVERNANCE IN THE PLATFORM AGE

平台时代的互联网政治与中国治理

陈传仁 著

人民出版社

目 录

绪　论

　　放眼当下，互联网引发的变化已经渗透到了经济政治、社会文化、商业和生活等层面，如何迎接这次巨变，理解互联网的逻辑，是社会各界在持续讨论的重要问题。所有的变化有一个集中的汇聚点，那就是在国家整体经济的发展变化和舆论信息格局的深刻调整上。无论是德国出台的工业4.0还是我国政府推出的《中国制造2025》规划，还是各国针对互联网推出的一系列身份认证规划和治理手段等，无一不体现了国家从经济发展和政治安全的双重视角对这一问题的关注和回应。如何在大力开发WEB 2.0时代的互联网平台，使它更多便利群众生活、创造国民财富、促进经济升级和长远发展的同时，又审慎面对互联网带来的信息安全、舆论安全和各种治理难题，这是全球化和新媒体技术时代各国普遍面临的挑战。统合经济发展和政治安全两个重要任务，不失偏颇地做好网络空间的开发和治理是全面应对当前传播生态的必然出路。这就要求我们对当前互联网"微力量"在社会生活和社会治理中所涉及的各种现象、各种知识有一个系统的了解和深入的认识。

世界银行 2016 年发布的《2016 世界发展报告：数字红利》提出，我们正身处人类有史以来最伟大的信息通信革命进程中，传统的发展模式正在遭遇数字化的挑战，只有加快数字化和互联网建设的步伐，才能让世界人民更广泛地享受到数字红利，正是互联网的发展带来了这一重要且普遍的红利。报告提到，数字技术在全球大部分地区迅速推广，使用这些技术应产生的广泛效益，即数字红利。当前，从全球角度来看，我国是数字红利最大的受益者和创新者之一。根据中国互联网络信息中心(CNNIC)发布的第 38 次《中国互联网络发展状况统计报告》显示，截至 2016 年 6 月，中国网民规模达 7.10 亿，其中手机网民规模达 6.56 亿。庞大的网民群体是数字红利产生和发展的基础，目前看没有任何一个国家具备我们这样的基础。

研究互联网治理的核心问题在于，必须搞清楚数字红利的来源和运用方式，把蛋糕做得越来越大的同时，也可能潜藏着诸多的治理困境、悖论和挑战。从目前互联网的格局和发展趋势看，关键的逻辑在于互联网平台的大量崛起，在各个平台提供的社会资源和互联网服务的基础上，调动了各类企业和个人的积极性和财富创造的能力，并且深刻地嵌入到整个国家的政治运行、社会生活、公共服务的所有领域。因此，要促进互联网经济的健康发展，促进互联网发挥对国家发展的正面效应，就必须对各类互联网平台和技术运用以及产生的社会效益和社会影响做一个准确的分析。这样的分析不是单一维度的，而是统合着政治、经济的双重分析。在分析的基础上明确互联网平台的逻辑和机制、优势和缺陷，在产业政策的制定中协调好创新经济与社会效应的矛盾、调和好信息发展与舆论安全的关系，兼顾互联网的经济贡献和政治治理两个面向。而这一点，正是本书的逻辑所在，正是本书对互联网开展经济与政治分析的逻辑缘起。

回顾国内的大型互联网平台，无法不对其中蕴含的能量所打动。微博、微信等大型社会化网络平台的兴起，一方面在持续地从文字、图片、视频、直播等内容形式的变化上推陈出新，集聚新用户、增加老用户的黏性，形成了巨大的市场基础；另一方面各平台不断引入人工智能、云计算、VR 等新技术完善网络服务、增强线上线下生活空间的扩展和融合。不断发展的社交平台已经突破社交的层面，向社会化网络平台过渡。

目前，微信月活跃用户近 8 亿，微博月活跃用户近 3 亿，这两大平台是网民最为活跃、停留时间最长、使用频率最高的互联网平台，也因而在两大平台上发生的故事既牵动着互联网商业趋势的脉搏，也深刻影响着社会问题和政府的公共讨论方向，它们既是个人生活其间的新空间，释放着大量的消费需求和公共资源需求，也是公共领域的基本平台，是政府部门、企业和媒体深度把握舆论态势、商业机会和社会脉动的最佳平台。阿里系的电子商务平台更是提供了直接的交易平台，从经济发展最直接的角度入手对我国实体经济的发展产生了深远影响。特别是近两年阿里有意识地从电子商务平台向组织制造业生产的动力和源头发展的过程中，其影响力更是超越了国界，迈向真正的全球化。

但是，互联网带来的变化纷繁复杂，迭代迅速又冷酷无情，如何掌握阿里、微博、微信等大型互联网平台引领的微时代力量，是我们理解互联网的一把钥匙，拥有这把钥匙，打开互联网的大门，走进微时代，才能明确我们将要进入的新时代的运作逻辑，也才能明确互联网治理的肯綮和要义。

平台作为互联网逻辑的微力量最重要的策源地，产生了多方面的影响，经济的影响是最重大和最普遍的，但是其对政治生活的影响也是具有持续渗透性和巨大影响的。对于互联网平台的广泛影响，笔者认为主要可以从三个方面特征进行概括和理解。

首先，互联网平台的普惠性。互联网时代最重要的特点是数据和信息的海量化和透明化，这对人际交往和市场交易产生了根本性的冲击。比如，过去买卖双方都具有交易的意向，但由于信息的阻碍，并不清楚供给和需求的信息，过多的搜索信息和中介环节拉高了交易成本，降低了市场效率。此外，在前互联网时代，卖方往往掌握更多的信息和资源，远远多于买方，于是经常出现卖方为了高额暴利，故意提高信息获取成本、隐匿重要市场信息甚至歪曲市场信息的情况，导致信息的匮乏和透明度的不足，这一方面导致了交易行为的流失或各种市场问题，比如垄断、欺诈等。而数字技术和信息的海量化正在不断解决和抹平这种问题和鸿沟。以共享经济为例，一些人闲置的房屋资源或交通资源在共享平台上发布之后，需求方可以轻松地获取相关信息并进行交易，卖方通过平台把闲置资源进行变现，而买方也因为信息的高度透明，利用低价选择了合适的商品。而后续的使用评价和信誉评级又为后来者提供了更多的有用信息，不断进行市场的更新、淘汰，保障了市场环境。

除了共享经济之外，互联网平台的普惠性现如今在电子商务平台上的体现更为明显，以前供给侧的产能过剩和需求端对对口产品的渴求不能对等，但在淘宝等电子商务平台上可以获取大量的卖家信息并进行比对，而且由于这种成本的降低，大量的卖家出现，提供的产品丰富多样，满足各种需求，甚至出现了"万能的淘宝"的说法。比如，基于阿里交易平台的"沙集镇现象"就是一个经典案例。

沙集镇本来是苏北的一个贫困小镇，如今经营成为阿里淘宝村的典型案例和通过互联网建设新农村、寻找创造财富的新时代榜样。由当地年轻人开始创设淘宝店经营家具生意开始，带动了沙集镇的生产制造、物流配送、周边产业的整体性发展，镇上的各个农村在其带动下都走上了通过阿里平台发家致富的新途径。以家具为生意的新农人从一开始模仿大品牌的家具设计与生产到走向创新发展的路子，从各家经营到成立电子商务协会，从自发发展到政府扶持，为我国农村建设和扶贫工作走出了一个新的样板。这种模式一时成为农村创业发展的典型案例，并被总结为"沙集模式"，"沙集模式"的特点是"网络＋公司＋农户"。家庭经营的农户是发挥主导作用的主体，实体公司是农村产业化的基础，而互联网电子商务平台是引导农村走向市场的重要力量。

据《中国淘宝村研究报告（2016）》发布的数据，全国已经有1 311个淘宝村，135个淘宝镇，分布在全国18个省区市，创造就业岗位84万个。

可以明显地看出，互联网平台的巨大作用在于通过消除信息不对称、消灭中介费用，为每个人提供市场交易和商业操作的基础，使每个人都得到实惠。这在前互联网时代是不可想象的，农村问题多年来一直是党和国家着力解决的大问题，而互联网的发展促进了底层的创新，堪称当代的小岗模式。每个个体和企业利用互联网平台，所有的微力量聚合企业产生的便是大能量，解决了社会问题，创造了社会财富。更重要的是，这样一种新的互联网逻辑的基础与核心正是互联网平台。

第二，加速创新创业步伐。互联网力量的出现促使国务院推出了大众创业、万众创新的浪潮。如何调动大众的微力量正如上文所述，是互联网平台提供的基础能力。平台的搭建是一个成本高昂、时间周期长的工程，并不是每个人、每个企业都可以做到的事情。

但互联网平台一旦发展起来，每一次交易、每一次交流的边际成本都是极低的。每一个小企业甚至个人参与到网络交易和数字生产中之后，整体的生产率是不断提升的。卖家和买家在互联网平台上交织成一个广阔的网络，所有人都将受益于此网络，在各种制度和机制的保障下，良性的网络效应会越来越凸显，比如搜索引擎，搜索次数越多，搜索引擎掌握的信息和数据越多，便越能提高效率和服务质量。但是，这种零边际成本也导致了社会动员和政治抗议的成本降低，也带来了一些社会问题，当然也解决了一些社会难题。

互联网平台提供的其实是一种基于网络的多层次双边市场的形成。比如滴滴打车等租车服务平台，通过连接用户和服务者，在拼车服务中自动匹配乘客和司机，司机赚取更多利润，用户也获得了便利的出行和相比以前更少的时间和金钱成本。同时，以前没有出租车经营资格的黑车也因为平台的制度和机制进入合法化的经营范围内，成了独立自主的个体户，解决了长久以来的黑车问题。

第三，重塑信息传播方式和舆论格局。在各类互联网平台中，特别是社交类的平台，由于人的参与和信息的爆炸性和透明化，以及互联网平台特有的属性，使得信息的生产与传播的速度和便利性极大地提升，理论上讲所有的信息传播都是全球性的，超越地域的。动辄一个事件就在以微博为主的传播平台上迅速地扩散到整个互联网上，影响到社会的各个层面。这种信息传播的方式变化不仅停留在媒体行业的变化，它已经深深地印刻到了企业的发展与社会的发展上，对目前的社会模式和社会治理思路产生了巨大的冲击。这种变化由于经常发生在政治领域、舆论生成等层面，所以新的信息传播方式正在加速整个社会的变化与相对应的调整。其中，新的格局对于政治安全和国际秩序的调整也成为新的变量，在本书的后半部分对于政治生活变化的分析中会着重提到。

互联网络平台带来的是一个平行的世界，任何网络事件包括被炮制策划出来的网络事件都可能被个别势力利用进行有目的有计划的政治或商业目的，严重影响了互联网自由发展的环境和生态。2014 年 7 月 16 日，习近平在巴西国会发表演讲时讲道：虽然互联网具有高度全球化的特征，但每一个国家在信息领域的主权权益都不应受到侵犯，互联网技术再发展也不能侵犯他国的信息主权。在信息领域没有双重标准，各国都有权维护自己的信息安全，不能一个国家安全而其他国家不安全，一部分国家安全而另一部分国家不安全，更不能牺牲别国安全谋求自身所谓绝对安全。国际社会要本着相互尊重和相互信任的原则，通过积极有效的国际合作，共同构建和平、安全、开放、合作的网络空间，建立多边、民主、透明的国际互联网治理体系。

通过以上的分析，我们先从整体上领略了互联网的能量和影响，为了理解这种变化的基础，我们提出了互联网平台与微力量这两个密切相关且能有效概括整体变化逻辑的概念。微力量在互联网平台的支持下如何发挥作用，互联网平台提供了哪些基本能力和工具，这其中发生了什么样的化学反应，它们的结合与发展正在叙说着什么样的新时代的新故事，是我们本书主要讨论的内容。

本书认为，这把钥匙的关键在于理解平台时代的运作逻辑，这是互联网时代的根本所在，立足这一基本点，由点及面，通过研究目前和将来互联网现象和技术趋势，尝试通过这种梳理和思考，提炼互联网的逻辑，这一逻辑的概括既有对目前各类现象的分析和判断，也有对未来趋势的预测和展望。在深度把握这一逻辑的基础上，本书将会进一步分析互联网背后的文化现象、舆论现象、社会现象和政府政策，相信读者能够更有判断力，判断哪些现象是趋势性的，哪些是阶段性的，哪些是错误的。

具体来讲，本书将立足对各大网络平台的深入分析，通过大量案例的总结和梳理，同时兼顾整个互联网格局生态中的各种现象及技术，从平台的崛起这一基本点出发，深度分析传播模式、商业变迁、网络舆情、意识形态宣传、政治安全等各个层面的变化和趋势。互联网平台的发展不仅对经济的问题尤其相关，对政治的问题亦是如此。一方面，经济与政治是不可分割的了解社会问题与发展的基本分析思路；另一方面，商业、经济、国家治理、社会安定等问题在互联网时代都不得不正面互联网平台逻辑的能量。

因此，本书首先在第一章简要介绍了国内比较典型的传播、交易与服务互联网平台，并对其之于政治经济变化的影响进行了初步概括。紧接着，对舆论传播格局与宣传手段的关键性变迁进行了系

统阐述。传播格局的变化不仅仅是传统媒体宣传手段落后、效果
降低，数字媒体逐渐居于主流地位，而是整体的传播思想与方法论
的变化。目前的这种变化尤以程序化购买、程序化广告等程序化传
播方式为核心。此外，经济发展模式在微观层面的变化首先表现在
商业模式和商业逻辑在根本上的调整和变化，在这方面以共享经
济、内容创业等为最重要的表现形式，互联网平台与微力量之间的
互动与协同增长是目前经济增长变化和经济思维变化的一个重要表
征性案例。内容的变化不仅仅局限在新闻传播领域和舆论引导机制
上，其根本的逻辑在于微力量的扩大化和泛化，因此，这将波及的
层面还在文化社会领域。因此，第四章在文化治理方面系统阐述了
内容产业的变化路径，其中对直播这一与内容最相关的问题与监管
问题进行了解释。而第五、六章则深入政治生活与世界格局方面对
互联网如何搅动整体变化和深刻影响路径进行了分析，比如第五章
首先介绍了互联网对舆论格局的影响，其中对网络舆情的核心网络
舆情的市场化展开了论述，是理解互联网与舆情变化的较为合适的
分析对象。但是，理解舆情的变化不能仅仅停留在舆情本身，而必
须深入挖掘，真正理解目前的互联网文化的发展变化，也就是对网
民生活方式与心理结构的变化进行分析，从根本上把握变化的逻
辑，到底在互联网文化环境中成长起来的青少年在想什么，心理结
构如何，如何理解政治生活和社会制度，从文化层面理解是较为合
适的思路。因此在第五章对青少年的网络文化进行了解释，同时以

2016 年百度贴吧帝吧出征为典型案例进行了深入分析。第六章则上升到互联网对国内政治安全及其对国际政治格局变化的影响路径进行了分析，主要包括以"颜色革命"为主的街头政治革命为主的国际政治格局变化与互联网的互动关系，同时对互联网社交媒体平台对于美国总统大选的影响作用、策略进行了系统的分析。

"微力无穷"是对互联网平台逻辑形象化的概括与提炼，对这一逻辑的理解及其对于经济、政治、社会各个层面的渗透，经由程序化传播、内容创业、直播平台、共享经济乃至阿里、微博、微信等互联网平台与现象的展开论述，在本书中得到了较为明确的阐释，可以说是一个全新的理解角度和认识互联网的方法论。与此同时，"微力无穷"本身也是一个需要辩证认识的概念。技术本身并不必然含有对政治经济和社会影响的正负性，而运用技术对商业逻辑进行改造，引发政治和社会环境的改变却需要学者对之有着明确的价值判断。因此，如何以理性的视角认识"微力"，并促其转化为促进政治经济发展的积极力量，同样也是本书的写作初衷。

第一章

平台崛起：微时代的变革逻辑

1. 理解互联网平台

互联网技术发展迅速、迭代周期短，基于互联网的技术应用和商业创新层出不穷，加之其对个人生活、商业产业、社会发展和政府管理等造成的冲击之巨大，对互联网的探索和研究也出现了各种各样的观点，有些观点局限于互联网发展的阶段性特征，有些则沉浸在传统的思路中去理解互联网，有些则在没有深入探索互联网本质的基础上编制概念。对于互联网的理解，目前的发展已经进入到了一个新阶段，许多技术创新也已启动，也具有适度的想象空间和预测方法。

从我国互联网发展的特点看，从互联网平台的角度理解互联网是兼具了宏观框架和微观逻辑的有效结合点。在此首先简要概述对于互联网平台的理解，然后基于微信、微博、淘宝几个主要的互联网平台类型进行分析，最后从互联网平台的几个重要影响入手进行讨论。

那么，什么是互联网平台呢？互联网平台的价值在于通过提供基本的技术支持和应用入口，为大量的用户实现相互之间的交流、互动或交易，并在此过程提供基础的机制设计和相关服务，实际上是把平台上的用户编织成一个网络，形成广泛深入多层面的网络效应，满足平台上用户的需求。所以互联网平台不仅仅是渠道或工具，其更大的价值是通过网络打造一个完善的、激发各参与方力量的生态圈，有效地激发所有参与者的互动。如果能够把所有的用户连接起来并形成有效的网络效应，那么平台的生态圈便建立起来，其价值是持续增长的。在平台中，一方面是海量用户的规模化需求的诞生和挖掘；另一方面是提供服务、满足需求的海量化供给方，最为重要的是，需求方和供给方的角色不是固定的，而是可以随时根据自身的特点、需要和资源情况进行转换的，也就是说，用户可以既是需求方，也是供给方，这就有效地推动了平台上的商业活力和个人潜力，激发了社会资源的最大化使用，增加了创新的无限可能，并不断重塑传统的商业模式、交往方式乃至经济思维。

在互联网革命的浪潮下，可能"互联网思维"一词曾被看作互联网威力的体现，曾在前两年红极一时。这个概念的出现有其合理性，面对互联网的变化，如何应对是包括互联网企业、传统企业和新兴企业在内所有企业都在关注的核心议题。但是，什么是互联网思维，至今没有人说清楚，仍然是一桩公案。对于互联网技术及其带来的影响确实需要新的概念体系来解释，但是互联网思维显然没有承担起这一重任。

雷军曾提出"七字诀"：专注、极致、口碑、快，这被看作比较典型的互联网思维，但这只是商业实践中的"口诀"和操作方法，并没有逻辑在其中。阿里巴巴集团董事局主席马云曾对此批评道：我们不是一家互联网公司，而是一家商业交易服务企业，互联网不过是一种工具。将来如果大家觉得到月球上做生意更方便，阿里巴巴就做火箭，我们难道就成了一家火箭公司吗？技术对商业等各个层面的冲击，首先需要做的是脚踏实地地应对变化，确认变化的本质和路径，然后根据成功的和典型的商业案例与业务思路进行概括，而不是先提出概念来，然后进行探索。在某种程度上，近几年大量失败的创业企业正是本末倒置，搞错了顺序，自以为理解了互联网思维，走了许多的弯路。如果细致地研究如今比较成功的互联网企业的话，会很轻易地发现，这些企业在发展过程中，遇到无数困难，走过无数弯路，在许多关键节点上都可能走向失败。所以，企业的经营不是互联网来了，利用它能解决所有问题，而是从本行业和自身企业的独特问题出发进行探索。

互联网平台的建设并不是所有企业都能做成功的，它所需要的资源、资金、时间、企业家精神乃至运气都是不同的。我们强调互联网平台恰恰在于，我们认为互联网平台提供的微力量，也就是说，平台必然是有限的，但是创业的企业或个人、传统的企业都可以利用互联网平台提供的微力量，结合自己的思考更容易地实现企业的成功。这才是互联网平台更为重要的价值所在。

具体地讲，对于互联网平台的价值和作用，我们认为应该从两个层面理解：

第一，数据资源。

近年来，大数据是伴随互联网发展，特别是产业互联网的概念出现后特别火爆的词汇。数据是互联网平台乃至所有利用互联网平台的企业必须关注和利用的基础资源，但关键的问题在于如何利用大数据，如何进行数据资源的价值挖掘和应用，这才是重点。由于对大数据的过于滥用，我们更强调数据本身的价值，互联网时代的数据固然在本质上不同于抽样时代的数据，但是基于传统的数据分析方法和统计方法的创新与突破却不能完全抛弃过去的做法。如何利用好互联网平台，数据资源是基础原料。互联网时代的数据资源成为驱动商业变革、社会发展的元能量，具有海量化、低价值密度、多样化和快速实时等特点，这在特性上已然区别于过去的小数据。还要注意的是，大数据如果没有技术运用和技术开发仍然是死的、脏的、低价值的。所以，不论是技术上的发展还是方法论上的创新都是必要的。

　　工业和信息化部在 2014 年发布的《大数据白皮书》中对大数据的概念做了界定：大数据是具有体量大、结构多样、时效强等特征的数据；处理大数据需采用新型计算架构和智能算法等新技术；大数据的应用强调以新的理念应用于辅助决策、发现新的知识，更强调在线闭环的业务流程优化。显然，根据这一定义，NBA 的数据收集、优化与探索并算不上大数据的范畴，但是其对数据的分析、对数据价值的理解确实值得借鉴和思考。

　　那么，企业如何利用大数据进行业务优化和效率提升呢？以零售行业为例，IBM 在 2015 年根据中国零售业的大数据问卷调研和客户深度访谈，总结了零售企业利用大数据的主要面向，分别是精准营销、全方位顾客洞察、商品优化和供应链完善四个方面。对于中国零售行业，特别是线下传统零售企业而言，大数据的应用和分析还处于较为初级的阶段。但是，他们已经意识到大数据的重要性并在大数据项目方面开始着手进行试点。

　　以国内一家领先的综合零售商在电商平台上的拓展为例，比如近年来，在电商发展的主要收入方面，女性用户成为重要目标群体。在争取用户的过程中，为提高女性用户的黏性、活跃度、品牌忠诚等，该零售商根据大数据分析，测定了奶粉、纸品、卫生巾等作为主要产品进行布局，同时依靠预测的不同地区销量调整仓库存储，实现了良好的效果。此外，该企业还把大数据与各级供应商联系起来，通过企业自有会员资料、网络数据、销售订单等数据进行

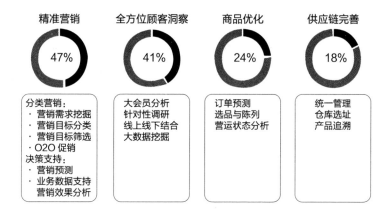

零售企业利用大数据的主要方面

深入分析和挖掘，共同研究用户的需求，采取反向定制的思路进行产品的生产和渠道建设。在大数据的帮助下，该零售商针对女性用户进行精准营销，经过大数据分析后选择的产品销售额大幅提升，选定的三大类产品采取促销活动，最后效果是新增 580 万女性用户数量的同时，新增用户的数据价值更高，可挖掘性更强。最为重要的是，在这类大数据项目中，该零售商对供应链、业务逻辑进行了优化，销售效率得到了提升，仓储成本也在下降。

　　该案例在某种程度上还是有着传统零售企业的特征，如果对阿里巴巴的零售进行分析的话，其对大数据的应用更为超前，案例也更为多元和有力。只不过，除了阿里巴巴之外的偏传统零售企业还是经济构成中的重要部分，必须进行关照。

　　近年来，随着整个经济社会持续性的数字化进行，大量的实时数据开始产生，非标准数据越来越多，数据的复杂程度、速度和准确度也越来越高，相应的技术需求也在持续增长。如何利用数据资源进行有效的商业效率提升不仅是企业关注的重点，目前也已上升到国家层面。2015 年 8 月，国务院出台了《促进大数据发展行动纲要》（以下简称《纲要》），《纲要》提出"信息技术与经济社会的交汇融合引发了数据迅猛增长，数据已成为国家基础性战略资源，大数据正日益对全球生产、流通、分配、消费活动以及经济运行机制、社会生活方式和国家治理能力产生重要影响。目前，我国在大数据发展和应用方面已具备一定基础，拥有市场优势和发展潜力，但也存在政府数据开放共享不足、产业基础薄弱、缺乏顶层设计和统筹规划、法律法规建设滞后、创新应用领域不广等问题，亟待解决"。

数据资源在互联网时代已经成为经济发展和政治治理的重要基础。数据本身具有天然的公共性特征和对经济发展的无限潜力。数据在测量、记录、分析和预测社会经济发展方面发挥了越来越基础的作用，必须加强技术应用的开发和对数据要素的投入。互联网平台的基础当然也是数据，没有数据所谓的网络、生态、微力量都是虚的。在后文中对几个主要互联网平台的分析中，我们会进一步分析互联网平台的数据作用和逻辑。

第二，生态建设：以用户为中心

正如我们在上文中对互联网平台的界定中提到的，互联网平台的价值发挥在于形成网络效应，构建生态圈，满足用户的需求。生态的建设需要大量的资金，并不是如目前市场上各种生态建设所讲的那么简单。这也是提出建立生态圈的企业不是在概念上忽悠就是经常出现危机的重要原因。在某种程度上必须拥有足够体量和适度边界的互联网平台才具有打造生态的能力，也只有在生态范围内，用户才能真正成为中心。

在工业经济时代，商业的逻辑往往是线性的，生产方式是典型的工业生产逻辑，从供应商到生产商，再到品牌商，中间经过零售商、分销商，最后到达消费者，这就造成了生产者与消费者的距离过长，无法进行有效的洞察和沟通，出现了许多的资源浪费和破坏，生产的东西不是消费者需要的，导致整个经济社会成本过高。而互联网平台的一大优势在于打破了这种诅咒，一切围绕消费者的需求生产，通过互联网平台上的沟通（有各种技术应用的支持）和

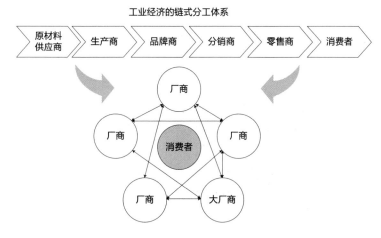

从工业经济的链式分工体系到互联网平台时代的环形逻辑

数据分析，有效地了解消费者需求，完成 C2B 的生产逻辑，构建起生态型的商业关系。

近年来，最为经典的构建生态型平台的企业就是乐视。虽然乐视在发展过程中遇到了各种各样的问题，包括其仍处在探索阶段，但不能否认其较为成功的商业实践和思路。乐视生态的建设思路是"平台＋内容＋终端＋应用"的"乐视生态系统"，以内容为基础，加强相关增值服务的开发及应用，在多屏领先技术优势与乐视生态的垂直产业链的整合布局支持下，通过 PC、Phone、Pad、TV 大屏等多屏终端为用户带来极致的体验。在持续拓展产业链上下游及其周边，发布和实施各种重要战略，不断夯实和完善"乐视生态"，

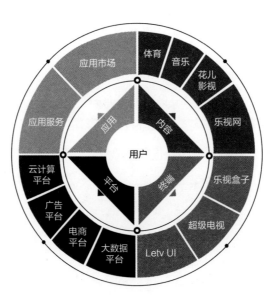

乐视"平台＋内容＋终端＋应用"的生态系统

持续提升品牌知名度及用户规模，推动各主营业务快速发展。

由此可见，生态型互联网平台的建设在某种程度上是对传统的分工理论的冲击。分工是生产力发展某个阶段的产物，是工业经济发展过程中的产物，在资源短缺、产品供应不足、沟通效率局限于地域和交易成本很高的历史背景下的选择。其中，最为重要的问题是，消费者也就是用户的需求被排斥到了外围。从上述对生态型企业的分析看，用户成为中心，从用户需求的基础出发，重构了商业模式，哪些资源、产品对用户有用、有利就把谁整合到了生态圈层内，其实是重新定义了生活方式，在生态型平台不断发展的过程中，用户的个性化需求不断被满足，才真正发挥了生态型互联网平台的作用和价值。

生态的建设中包含对用户需求的方方面面的洞察和满足，而作为一项"大工程"的生态建设必然是开放的，需要各种层面的服务商的加盟，共同打造生态，服务用户。以电子商务平台为例，动辄几亿的用户数量和交易数量，没有足够的技术支持和服务是不可能完成的。以电子商务型的生态为例，它既需要交易服务的零售平台，也需要网上支付、运营服务等衍生服务业，还需要包括宽带、云计算在内的互联网基础设施，同时也需要用户端的手机、电脑等终端的支持，而这一切不是一个平台自身能够满足的，它既得益于整体互联网技术发展的步伐，也需要各方势力的加盟。

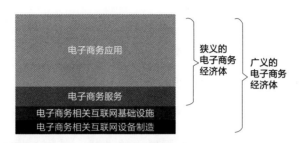

电子商务应用：包括企业、消费者和政府电子商务应用等。

电子商务服务：包括电子商务交易服务业（如网络零售交易平台）、电子商务支撑服务业（如网上支付）、电子商务衍生服务业（如代运营服务）等。

电子商务相关互联网基础设施：包括宽带、IDC和云计算运营等。

电子商务相关互联网设备制造：包括电脑、手机、服务器和路由器制造等。

电子商务平台的生态系统

2. 大平台与微时代

互联网平台的故事在于通过平台的建设、相应基础设施、数据能力的完善，为活跃在平台上的用户（需求方和供给方）提供沟通的便利、商业化的空间，进而提高整个网络社会的经济活力，改变人们的生活方式，进入全新的时代。互联网平台有大有小，除了上述的各种互联网平台的案例之外，还存在各种各样的互联网平台，其用户数、盈利探索都充满前景和希望，但是互联网平台的"大故事"能给我们更多的启示，通过这些大平台可以更好地理解互联网的逻辑，微力量如何在大平台上发挥作用，造就微时代。本节将选择阿里、微博、微信三大平台进行讨论。

中国互联网平台的发展得益于一个基本的事实，那就是我国足够的网民规模。根据中国互联网络信息中心（CNNIC）发布的《第38次中国互联网络发展状况统计报告》显示，截至2016年6月，中国网民规模达7.10亿，互联网普及率达到51.7%，超过全球平均水平3.1个百分点。

在不同平台提供的公共资源和基础服务的前提下，不同层面的企业和个人受益于此，正在逐渐改写过去的工作方式和劳动方式，新的经济发展模式也不断出现。在此将通过对几大平台的介绍和平台上发生的微故事来讨论互联网的逻辑。

阿里：交易的平台

根据阿里巴巴发布的2017年第二季度财报，阿里巴巴集团6月份的移动月平均用户达到4.27亿人，中国零售平台的年活跃买家达到4.34亿人。阿里巴巴集团第二季度来自中国零售平台的商品成交额为人民币8 370亿元（约合1 260亿美元）。阿里体系显然已经成为我国乃至全球最大的交易平台。

目前，我们依然把阿里看作电子商务零售平台，但是阿里的战略转型已经开始，开始利用自己手中积累的数据资源和用户谋求在更多市场上的布局。阿里巴巴创始人马云2016年在云栖大会上的演讲第一次阐释了阿里巴巴战略转型的"五大新"，包括新零售、新制造、新金融、新技术、新资源。这五方面的发展和变化对未来的发展影响是深刻的。他认为过去二三十年，制造呈现规模化、标准化，未来三十年制造将呈现智慧化、个性化和定制化的特征，如果不从个性化和定制化着手，任何制造行业一定会被摧毁。显然，阿里平台已经不再满足于传统的电子商务概念，这一巨头正在开始讲述新的故事。

前面的电子商务生态图中已经展示了电子商务体系的配套支持系统。阿里把自身发展的基础设施概括为云、网、端，"云"指的是云计算、大数据基础设施，这些基础设施就像水电一样，成为用户便捷、低成本使用的计算资源。这种数字化的变化，将会不断提升生产率、促进商业模式创新。其次是"网"，持续的数字化过程导致对网络承载能力要求的提高，包括物联网、互联网、移动互联网在内的网络建设是互联网平台必须提供的基础能力。而"端"指的是基于用户接触和使用的个人电脑、移动设备、可穿戴设备、传感器等各种终端，这些终端既是数据的来源，也是用户互动的界面。这些基础设施既需要平台提供，也需要国家层面、互联网关联行业的发展。

包括淘宝、天猫在内的阿里平台经过若干年的发展，已经由传统的以企业为中心的产销线性路径转化为以消费者为中心的新格局。以数据和平台设施为基础，从消费者需求出发组织生产、销售和服务成为新的经济常态。这种变化是阿里平台转变的关键，其突出表现在 C2B 的新思路中。

所谓 C2B 就是消费者提出要求，制造者根据需求设计消费品、装备品。企业通过互联网与用户紧密连接，与消费随时进行沟通，改变了以厂商为中心的 B2C 时代，改变了标准的大众生产、大众营销、大众消费、大流通、大金融的模式。消费者由于信息的获取成本降低，导致消费者权力上升，成为经济活动的中心，而供给方则通过互联网提高了信息的准确度和数量，削减了交易费用，促进了社会协作，进而根据市场需求，快速组织资源，通过在线协作的方式，满足消费者的需求。

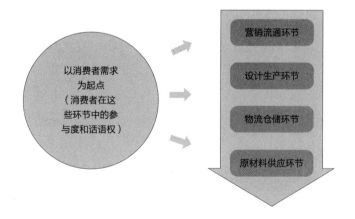

C2B：消费者驱动整个商业活动

资料来源：阿里研究院

互联网平台为消费者和商家提供了必要的、高效的平台和服务，改变了消费者过去的被动局面，其角色、力量都发生了根本的变化，而商家通过平台也获得了用户及其数据，重新组织生产，精准地满足消费者需求，减少了库存、浪费和市场判断失误的成本。

虽然目前阿里平台强调 C2B 的基本逻辑在深刻改变供应链上的各个环节，特别是对制造业的冲击，但是还要注意到，比如降低了消费者信息获取成本和交易成本等，是互联网平台对社会财富和社会效率提升的重要价值。同时，过去许多长尾需求无法得到满足，由于互联网平台的广泛性，各种小而美甚至稀奇古怪的产品都可能出现在这一平台上。有网友曾在天涯社区上发了一个名为《讲真，你是从哪一刻感慨某宝是万能的?》（某宝即是淘宝），有许多感同身受的网友进行了回复，比如"淘宝上有摊煎饼果子的一整套工具""第一次去香港玩，在淘宝购的门票、交通卡、电话卡，方便极了。还问了很多关于出游及攻略的问题，卖家都非常热情地一一解答，现在只要是使用不方便想不出来的问题都直接上淘宝了，反正只有你想不到的没有淘宝上搜不到的。"

对于商家而言，其效率的提升、利率的提高和成本的降低也是明显的，因为中间冗余低效的环节在平台上被去除了。通过互联网平台，不仅可以极大地让消费者获利，也可让自身提升利润空间，这正是平台提供的价值。

成本结构的变化对于产业结构的影响是一个重要环节。在互联网平台的支持下，生产的规模化和交易成本都在变化。过去，只有少数大型企业可以实现规模化的生产，并向规模化的消费者进行销售。比如传统零售业就是规模经济的典型，大卖场是过去最有效的商业形态，沃尔玛等强势的零售供应商巨头占领市场，生产企业对其高度依赖。但是互联网平台的产生不仅降低了零售成本，而且消除了零售的规模经济，去中介化的过程不断消除各种中间成本，个性化需求产生和生产条件的实现都在改变过去的状况，因此从生产到零售再到销售的垂直链条被打破，生产者可以绕过零售商直接与消费者进行交易，这从根本上改变了过去的商业逻辑、成本结构与管理思路。

作为交易平台的阿里系，以信息和数据为基础能源重构了传统的交易逻辑，新的产销逻辑带来许多关键的变化，比如：1）节约了信息成本和搜索成本：消费者通过该平台海量的商家和产品以及服务，获得了巨大的便利，抵消的价值链环节不断被取代，交易效率提升，小企业成为主体；2）刺激了消费需求，以前不能满足的需求在互联网平台上得到满足，拉动了内需，促进了经济活力；3）

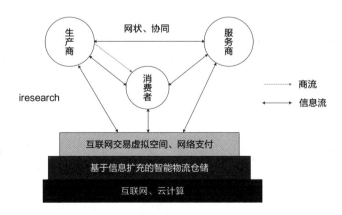

阿里平台的交易结构

资料来源：《新基础：消费品流通之互联网转型》

数据和信息作为柔性资源，改变了传统生产链，使得生产与消费融为一体，工业时代的线性生产转化为实时协同的价值网络；4）数据成为新的生产要素，作为一种全新的、独立于土地、资本、劳动力之外的新生产要素开始成为新经济的基础能源。

总的来讲，在阿里平台上，消费者成为主导，中间商不断提升自身的服务质量，而生产商则由于需求的多样化而不断多元化，这些均得益于平台的力量和对数据价值的利用上。大平台上的微力量正在快速崛起。

以服装制造业为例，阿里电子商务平台正在重塑其价值链。改变传统的"进货卖货"模式，而是根据消费者需求进行定制化的生产。在此过程中，产业链上的中小型加工厂扮演了极其重要的角色，他们通过互联网连接，把小批量原创的门槛和成本降到最低。

阿里平台上的产品品类越来越多样和齐全，服装类淘宝店铺也获得了巨大的发展空间，根据阿里发布的《2016 中国网货品牌 100强》，其中有 34 家属于服装市场。2015 年，我国服装产量超过世界总产量的一半，占全球出口市场的 37%。在这样一个良好的产能基础上，借助阿里交易平台，很好地对接了海量需求，并且由于 C2B 的逻辑，这一平台成为促进服装制造业转型升级的重要动力来源。

根据中国国际电子商务中心研究院发布的《中国电子商务报告（2015）》显示，2015 年中国电子商务继续保持快速发展的势头，

13C	akseries	amh官方	AMII	Artka	kasi	libetter	lrud	Misscandy 糖果小姐	omlesa
panmax	pinli	rozo	simwood	tune tune	viishow	Wiiboox	wis	YESWOMEN	ZK
阿芙	艾黛	爱爱丸	百草味	百分之一	摆设	半亩花田	宝himself丽	贝尔莱德	本来设计
泊泉雅	布纸有爱	草木之心	初棉	初语	德尔玛	东游记	飞形物	风格派	伏翼
福·玛·特	故宫	韩都衣舍	和购	健美创研	江小白	杰威尔	九土	科沃斯	拉菲曼尼
兰可欣	蓝色之恋	裂帛	林氏木业	玛玛绨	毛茹小象	美康粉黛	棉先生	缪可	膜法世家
茉莉雅集	木佰士	慕燗·诗怡	浦桑尼克	普宙	七格格	千纸鹤	仟象映画	戎美	三只松鼠
生活在左	十八纸	十竹九造	素缕	特洛克	透真	土家硒泥坊	维莎	吾皇万睡	物应
小狗	小火柴	小熊	小宅	雅居格	雅痞	妖精的口袋	衣品天成	壹佰木	茵曼
优梵艺术	有所	御泥坊	原始原素	源氏木语	吱音	致家家居	稚优泉	自然和家	自然家

■ 服装市场 34　　■ 原创市场 28　　■ 美妆 18　　□ 其他 20

2016 中国网货品牌 100 强

交易额达到 20.8 万亿元人民币；网络零售额达 3.88 万亿元，其中实物商品网络零售额占社会消费品零售总额的 10.8%。电子商务已经成为大众创业、万众创新的新引擎。截至 2015 年底，全国通过开设网店直接创业就业的人员已超过 1 100 万人。中国电子商务平台的体量越来越大，带动的消费能力越来越强，而参与其中创业的创业者数量也不断提升，有效提升了微力量的崛起。

通过阿里交易平台的持续发展和不断扩散，网络创业和就业的人员越来越多，社会就业的问题得到了新的解决之道。根据中国就业促进委员会的研究统计，在 2014 年，阿里巴巴就间接创造了约886 万个从属于卖家的就业机会和过百万个配套体系的创业机会。而其直接创造的就业机会也将近 5 000 个。

阿里交易平台创造的大量的就业及创业机会在某种程度上也在

促进社会创业。新的就业机会不仅仅是就业人口的增加，还包括就业内容和岗位的变化，通过上述分析，阿里交易平台上的工作内容已经迥异于前，社会分工协作不再是传统的组织内部的简单重复劳动，而是在网络协同下根据消费者需求重新组织工作内容，从原先的集中控制走向依靠大众创新、共同治理的方向转变。电子商务的服务把商家及其工作人员从传统的线性商业流程中解放出来，使其更加专注于客户需求和产品创新。

微博：传播的平台

微博是 2009 年在国内开始兴起的一种互联网平台形式，新浪微博在与腾讯微博、搜狐微博、网易微博、饭否等相关微博类产品的竞争中胜出，并于 2014 年 4 月在美国纳斯达克上市，成为独立于新浪母公司的独立公司，更名为"微博"。但是，微博的发展过程并非一帆风顺，在微博发展过程中，特别是微信的出现给微博带来了巨大的冲击，加上微博一直没有找到合适的商业化模式、微博营销信息泛滥等原因，微博曾一度被业内看衰。

随着微博的战略调整和持续经营，在整个互联网格局中，微博不可替代的作用越来越凸显，目前微博已经悄然崛起，并在商业传播、公共传播、大众舆论、社会议题讨论等领域发挥越来越重要的价值。相比于其他平台而言，微博的传播价值是其突出特点。"遇到大事上微博"已经成为互联网时代人们获取第一手资讯并参与讨

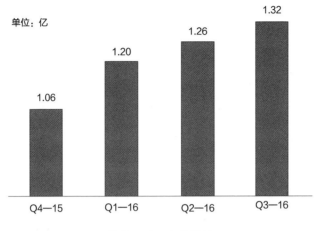

微博日活跃人数增长

数据来源：微博财报

论的新方式。

　　根据 2016 年微博发布的第三季度财报，截至 2016 年 9 月 30 日，微博月活跃人数已达到 2.97 亿；其中 9 月份移动端在 MAU 总量中

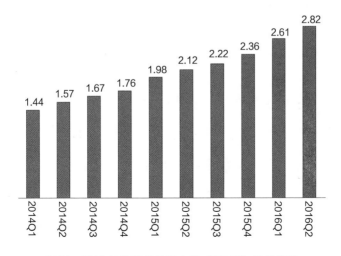

2014—2016 年微博月活跃人数（MAU）增长情况

的占比为 89% ；9 月的日活跃用户达到 1.32 亿。从上页两个图可以看到，微博的日活跃人数和月活跃人数都在持续地增长，海量的用户奠定了微博的互联网传播平台的独特价值。

微博在衰落中重新崛起的过程，主要被概括为三个方面的下沉战略：首先是年龄下沉，用户年轻化。有别于微博甫一兴起时的有社会影响力的大 V 和关心社会议题的中青年群体为主，改变为 90后、00 后为主的年龄结构。为微博的发展奠定了良好的用户基础。如下图所示，微博上 30 岁以下的用户占到了总用户人数的 82%。

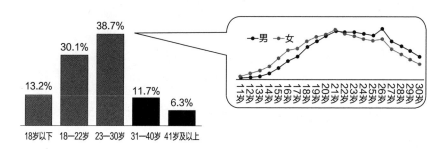

微博用户年龄结构

数据来源：微博数据中心

在微博用户年龄结构年轻化的过程中，同步发生的趋势在于微博的移动化加速，整个移动化的浪潮兴起于 2012、2013 年左右，而微博抓住这次机会奋力推进了微博的移动化，正好契合上我国智能手机大爆发和年轻用户移动终端持有量突破的趋势。根据微博最新的年报显示，目前微博的月活跃用户中，89% 来源于移动端。

微博的第二个下沉表现为用户地域的下沉，从一线城市下沉到

三、四、五线城市，用户分布结构更为均衡，而非集中在一线城市用户，这也拓展了微博的商业价值和传播价值，而不是局限于一线城市用户的声音上。所以，这也是目前一线城市如北京的老用户感慨微博已经没人使用的原因所在。如下图所示，微博的用户分布城市逐步下沉，二、三线城市占据微博用户整体数量的半壁江山。

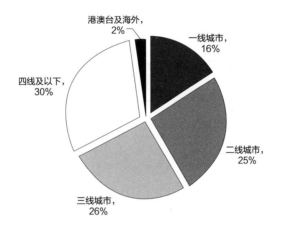

微博用户地域分布结构

数据来源：微博数据中心

微博的第三个下沉表现在内容结构的下沉，微博不再是早先花大量精力与社会事务上的公共领域特性明显的微博，而是下沉到用户的生活兴趣类内容上，不断进入各个垂直领域。旅游、电影、汽车、电视、美食、美容、寻医、服务，这些都是微博正在取得突破性进展的领域。通过爱问医生、微招聘等合作方，微博在医疗咨询和垂直招聘领域也在尝试新的玩法。微博通过自身平台的公共传播和裂变式传播价值，加上大数据分析和一系列针对性的政策，已经在各个垂直领域展开了探索。如下图所示，截至 2016 年第三季度，微博月阅读量超过百亿的领域高达 18 个，微博在娱乐领域、财经、教育、动漫等领域的发展潜力越来越大。

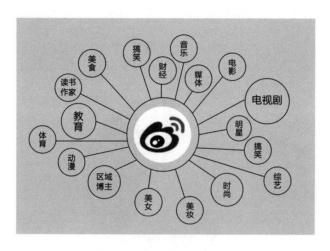

微博月阅读量超百亿的领域

微博之所以能在这么多领域取得持续的发展得益于各个领域的中小 V 等自媒体或网红的发展，微博一改过去重点扶持大 V 的策略，改为从细分领域入手，对每个细分领域的小红小 V 用户进行扶持和引导，提供营销资源和分红支持，不断提高用户活跃度和增长量。微博一方面在内容发布上扶持中小 V，另一方面通过收入分成鼓励优质内容的生产。在微博启动的自媒体商业化计划中，通过广告分成、付费阅读、粉丝打赏等形式的变现手段，自媒体人收获了实实在在的利益。2015 年微博已向自媒体作者分成 2 亿元，2016 年微博计划向自媒体作者分成 4 亿元。而这 4 亿元的分成主要基于微博的"签约自媒体"项目，2016年初微博针对微信公众号优质作者正式开放绿色通道。通过加入"微博签约自媒体"，优秀的自媒体作者还可以获得商业变现。只要满足"1.微信公众号在上个自然月至少有一篇文章阅读数大于10万；2.在公众号所发布的长文内容或视频内容，为原创"两个条件，即可在微博的帮助下快速加入签约自媒体。加入后的公众号作者需要每月至少发布三篇优质原创头条文章或视频内容，即可获得微博专属顶级资源包，以扩大影响力。该"公众号作者专属资源包"包括3类共8种资源，其中包括：提供专人帮助解决作者问题、快速进行个人认证、快速加入微博签约自媒体等专人对接服务；提供粉丝头条资源、热门微博推荐、官博推荐、站外输出等曝光资源；以及找人页、主Feed[①]流账号推荐、个人主页账号推荐等帮助作者快速涨粉。加入签约自媒体的作者享有商业变现的特权，微博通过微博打赏、付费阅读、广告分成、KOL营销等方式，帮助签约自媒体作者获得更多的收入。

在微博下沉战略调整的过程中，微博所发挥的传播价值也越来越大，这种传播价值既体现在商业领域，也体现在社会问题的解决上。在讨论这些问题之前，我们先看看微博的内容形式的变化，从文字、图片到短视频、直播的内容变化方面，微博一直走在互联网

---

① 出现在手机中的 Feed 就是为满足希望以某种形式持续得到自己更新的需求而提供的格式标准的信息出口。

内容发展趋势的前沿，通过技术创新，不断满足用户的需求，提升了用户黏性和用户数量。

以视频为例，视频是比图片和文字更具表现力和冲击力的内容形式，在微博技术支持的基础上，在近两年得到了重要突破。如下图所示，与2015年第三季度相比，2016年第三季度的短视频播放量同比增长了740%。新的传播形式加强了明星、网红、自媒体等在微博平台上内容贡献和分享的影响力，使得短视频在微博平台上取得了更强更深入的传播效果。

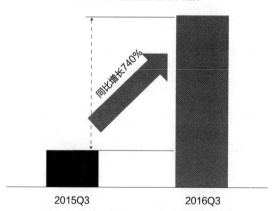

微博短视频播放量增长趋势

2016年，直播在移动互联网的快速发展过程中迅速引爆。在网络红人、大众明星、自媒体、微博草根大号等的加持下，微博作为社交媒体的平台性作用得到了最大限度的体现。2016年的第三季度，微博的直播场次便超过2 300万场次。直播在微博上的兴起一方面是微博上海量的用户，直播博主需要通过这种方式与用户互动，增加用户黏性，提高变现能力，对于普通用户而言，有了更有效的接触偶像的机会。同时，微博投资的一下科技直播成为微博专用的直播平台，微博利用自身的明星资源提高了直播的价值和活力。对于直播的更多内容，我们将在下的章节中进行阐述，此处不再赘述。

总之，基于微博在内容形式上的创新，微博的凤凰涅槃才能实现，才被吴晓波称之为中国互联网史上唯一一个起死回生的案例。而反观国外的Twitter，其一直停留在文字和图片的内容形式上，对动图、视频、直播等表现形式反应缓慢，正在遭遇巨大的危机，想收购Twitter的意向性企业都没有。而微博正迎来它的第二个春天，而且这个春天已经找到了其合适的商业化模式，通过粉丝通等大数据传播工具服务于广告主，收入持续增长，完成了商业化的初级阶段。除了海量的用户是客户认可微博商业传播的价值之外，用户在微博上的停留时间是微博商业传播价值增长的重要方面。根据最新的用户登录情况，在微博用户中，全年月登录天数在15天以上的高黏性用户一直保持增长态势，在2016年达到51.4%。微博的平台优势越来越明显，其庞大的用户群体、专业化的传播方式和多平台的运营模式，保证了微博的平台价值在放大传播上的独特价值。

微博快速且大范围的传播能力是由微博平台的机制决定的，首先微博是公开的平台，谁都可以注册、发言，而且可以看到任何其他人的发言内容和评论；其次，微博的关注、转发机制，这一机制是微博裂变式传播价值的重要保证；第三，微博的广泛参与机制，理论上微博上的任何一个人都可以参与到另外一个人的讨论和评论中，这就极大地刺激了传播效果和社会影响力。

所以，我们看到，每当大事件发生时，微博一定是网民最活跃的地方，也是舆论、观点最集中爆发的地方。每次大事件的发生，海量的网民迅速聚合在这一传播平台上进行关注、讨论，不断放大事件的影响力。因此，"话题"一直是微博上重要的传播方式之一，话题指的是微博用户在不同的议题下所做的讨论，通常以双 # 号标志，比如"# 英国脱欧公投 #"。根据微博发布的《2016 年上半年热门话题盘点》，微博上的话题主要集中在"社会""明星""综艺""电视剧""财经""科技"等方面。

微博主要热门话题类别分布（2016 年上半年）

　　而在社会类话题中，排名前十的话题如下表所示，"和颐酒店女生遇袭""超级红人节""帝吧 fb 出征""2016 两会""六小龄童节目被毙"等话题名列榜单前列。下面，我们通过名列第一位的和颐酒店女生遇袭事件来分析微博的传播价值的实现和社会影响力。

排名	话题名称	话题阅读数（亿）	话题讨论数（万）
1	和颐酒店女生遇袭	27.8	283.0
2	超级红人节	25.8	65.2
3	高雄6.7级地震	12.9	36.1
4	阜宁强龙卷风	10.1	23.3
5	英国脱欧公投	10.0	29.6
6	618天猫粉红狂欢节	10.0	56.7
7	帝吧fb出征	9.6	92.2
8	2016两会	8.8	31.5
9	卖淫窝点案底酒店	8.8	126.8
10	六小龄童节目被毙	8.0	160.0

注：节日类、地方资讯类以及营销内话题不在榜单内。

2016上半年微博社会新闻类人们话题阅读榜

　　2016 年 4 月 4 日夜到 5 日凌晨，博主"弯弯"发布博文及视频，称其在 798 和颐酒店遇袭，如下页图所示。但当时转发量和评论量不高，未能引起广泛关注。

　　4 月 5 日晚 8 点至 12 点，博主发布博文开始在网络扩散，词条博文主要为下页图所示的对整个劫持遇袭事件的完整描述。晚上 10 点左右相关话题开始扩散，并在第二天开始受到全社会关注。

　　在该话题相关的博文中，博主弯弯是微博内容时间的核心，但相关账号和大 V 的转发关注则在这场事件发酵并形成广泛的社会话题的过程中发挥了重要作用，他们在事件发展过程中扮演着重要

弯弯_2016 V 👑
4月5日 00:06 来自 优酷土豆

我上传了：【视频：20160403北京望京798和颐酒店女生遇袭】 📷 20160403
北京望京798和颐酒店女生遇袭（来 @优酷 看我更多精彩视频：🔗 网页链接）

📷 查看图片

20160403北京望京798和颐酒店女生遇袭

☆ 收藏　　　📤 70368　　　💬 19124　　　👍 18135

博主弯弯发布的第一条遇袭微博

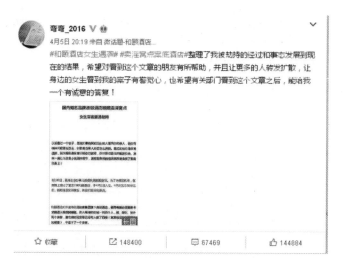

博主弯弯发布的遇袭事件完整描述博文

的节点价值。

需要关注的是，在遇袭事件的相关话题中，可以发现除了＃和
颐酒店女生遇袭＃话题之外，当事人弯弯还发起了＃卖淫窝点案底

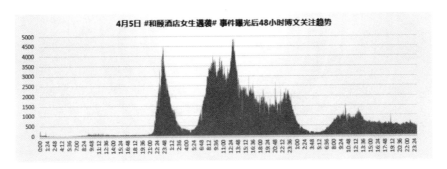

4月5日 #和颐酒店女生遇袭 # 事件曝光后 48 小时博文关注趋势

酒店 # 话题，如下图缩减，其阅读量也高达 8.77 亿。而整个遇袭事件话题的阅读量则为 27.79 亿。

　　复盘整个事件的过程，可以发现，如果在传统媒体时代，一个女生遭遇这种事情很难引起这么广泛的社会关注，而如今一个女生通过微博这一公共传播的平台，凭借一己之力，把事件贴在微博上，利用平台传播的力量，竟产生了如此广泛的社会影响，不仅

传播账号	用户类型	转发量
弯弯_2016	橙V用户	1 401 830
头条新闻	蓝V用户	252 208
贴吧君	橙V用户	226 888
作业本	普通	113 603
央视新闻	蓝V用户	79 824
最佳蹲坑读物	橙V用户	79 447
人民日报	蓝V用户	73 826
马薇薇	橙V用户	70 764
我的厕所读物	橙V用户	69 120
童谣-KBLOSS	普通	57 596

和颐酒店女生遇袭相关博文重要传播账号及累计转发量

相关话题	阅读量（亿）
和颐酒店女生遇袭	27.79
卖淫窝点案底酒店	8.77
女子入住北京酒店遇袭	3.97
女子酒店遇袭事件	1.69
女子酒店遇袭	1.63
如家酒店	0.63
北京望京798和颐酒店女生遇袭	0.62
女子酒店遇袭真相	0.46
女子遇袭涉事酒店入住爆满	0.32
女子和颐酒店遇袭	0.30

和颐酒店女生遇袭事件相关话题及阅读量

解决了自己遇到的问题，有效地进行了维权行动，涉事男子被北京市朝阳区检察院提起公诉。弯弯在微博中感慨道："因为陌生人的帮助，我免于受到更严重的伤害；因为媒体、网友们和相关部门的帮助，让事情得到合理的解决。希望这个事件能带给更多人积极的影响，让人和人相处多点温度，也能让更多需要帮助的人在危急时刻得到援手。"以该事件为讨论基础，在讨论与传播的过程中，公众对于酒店背后的卖淫经济链条更为熟悉，也了解到了如何回避这类事情发生的一些技巧和做法，实际上起到了一个社会教育的作用。同时，这起事件也引发了公众对宜家旗下酒店甚至全行业酒店安全的担忧，为促进酒店业改进服务质量和安保措施是一个提醒。

微博作为一个传播性的互联网平台，其起到的微价值在于为每一个普通人打造自己的品牌，形成自己的传播效果提供了平台基

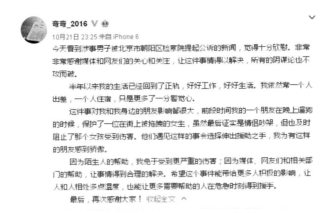

弯弯_2016 V
10月21日 23:25 来自 iPhone 6

今天看到涉事男子被北京市朝阳区检察院提起公诉的新闻，觉得十分欣慰。非常非常感谢媒体和网友们的关心和关注，让这件事情得以解决，所有的阴谋论也不攻而破。

半年以来我的生活已经回到了正轨，好好工作，好好生活。我依然一个人出差，一个人住宿，只是更多了一分警觉心。

这件事对我和我身边的朋友影响都很大，前段时间我的一个朋友在晚上遛狗的时候，保护了一位在街上被拖拽的女生，虽然最后证实是情侣吵架，但也及时阻止了那个女孩受到伤害。他们遇见这样的事会选择伸出援助之手，我为有这样的朋友感到骄傲。

因为陌生人的帮助，我免于受到更严重的伤害；因为媒体、网友们和相关部门的帮助，让事情得到合理的解决。希望这个事件能带给更多人积极的影响，让人和人相处多点温度，也能让更多需要帮助的人在危急时刻得到援手。

最后，再次感谢大家！收起全文 ∧

☆ 收藏　　　　🔁 385　　　　💬 849　　　　👍 3485

博主弯弯的发布的关于遇袭事件的最后一条微博

础。除了上述的酒店遇袭事件以外，无数网红借助微博平台打造自己的品牌，形成一个新的经济力量。而大众明星更是利用这一平台很好地发挥了自身的传播价值，带来了广泛的商业利益。

利用微博平台的讨论参与机制和话题功能，各种官方微博都在学习如何提高传播效果。根据微博的数据报告，以国内旅游类官博为例，这些官博主持的话题很多产生了非常好的效果，可以说利用微博平台的传播特点为自己争取了性价比极高的传播活动。故宫博物院微博主持的 # 让我们一起来读日历 # 的累计阅读数高达 5.2 亿 +，其主持的 # 爱上这座城市 # 话题也高达 3.37 亿 + 的阅读量，这些为故宫的公民教育工作和其文化创意产业收入做出了突出贡献。

除了话题之外，微博平台上的日活跃超过 1 亿多的用户和大量

微博名	话题名	累计阅读数
故宫博物院	让我们一起来读日历	5.2亿+
故宫博物院	爱上这座城	3.73亿+
长隆野生动物世界	熊猫三胞胎	3.72亿+
乐游上海	胡歌上海旅游形象大使	3.3亿+
广州长隆欢乐世界	乐游长隆	2.4亿+
南京市旅游委员会	南京旅游	2.0亿+
四川旅游	带着微博去四川	1.8亿+
广西旅游发展委员会	世界是嘈杂的广西是宁静的	1.3亿+
凯蒂猫家园	陪伴是最好的礼物	1.06亿+
济南市旅游发展委员会	醉美济南	1亿+
吉林省旅游局	带着微博去吉林	8129万+
乐游上海	两个胡歌一座城	8006万+

明星代言：胡歌代言，粉丝经济

参与#带着微博去旅行#：项目连续运营4年，形成节庆，积累大量粉丝

IP化运营：打造契合IP，形成固定栏目

借势热点：抓住关注热点，形成广泛关注

国内旅游官博所主持的微博话题榜

的营销传播工具为企业在微博平台上打造自身品牌竞争力和影响力提供了良好的平台，以新榜发布的 2016 年 9 月份的"企业微博影响力排行榜"为例，小米、戴瑞珠宝、魅族、WIS 护肤、美拍、支付宝等企业的微博影响力都名列前茅，在微博平台上收获了良好的品牌效果。

以化妆品行业为例，在微博平台上相关化妆品传统企业或是售卖相关品类产品的新兴小企业，都在充分发挥微博的传播价值。而且由于电子商务的崛起，微博上的用户可以很容易地从微博跳转到相关电商平台上，实现传播与销售的一体化。微博覆盖的用户规模大，又有大量明星和网红入驻，作为最大的社交媒体营销平台，微博在企业的营销推广方面发挥了重要作用。同时，化妆品市场一方

统计范围：9月1日至30日的发布					
#	昵称	传播指数	互动指数	粉丝价值指数	新榜指数	排名变化
1	@小米手机	960.1	851.1	892.8	960.1	11
2	@戴瑞珠宝Darry-Ring	939.2	889.9	862.9	939.2	-1
3	@魅族科技	967.5	770.5	871.6	937.5	33
4	@WIS护肤	907.2	865.2	899.7	907.2	4
5	@美拍	919.5	791.5	928.3	919.5	-3
6	@支付宝	933.7	683.3	956.6	933.7	-3
7	@淘宝电影	925.7	804.6	851.8	925.7	0
8	@哔哩哔哩弹幕网	926.3	724.5	920.6	926.3	9
9	@铂爵婚纱全球旅拍	894.3	856.5	840.1	894.3	-3
10	@知乎	958.3	553.2	944.4	958.3	1
11	@MIUI	918.1	730.3	869.4	918.1	10
12	@天猫	936.3	737.2	787.6	936.3	-7
13	@新居生活馆	904.1	747.2	870.7	904.1	1
14	@滴滴出行	905.6	740.0	861.7	905.6	15
15	@我的头好重啊啊啊	960.3	549.8	877.5	960.3	0
16	@乐视控股	971.7	498.5	878.8	971.7	404

企业微博影响力排行榜

资料来源：新榜根据 2016 年 9 月份数据统计

面面临着市场规模不断壮大，经济发展和消费升级不断做大化妆品市场，另一方面该市场竞争又异常激烈，必须开拓新的发展渠道，进行产品创新和营销创新。

　　根据微博的大数据分析，微博上具有海量的用户愿意在微博平台上对化妆品展开讨论。根据大数据统计，微博上化妆品相关博文 9 600 万，总曝光数 555 亿次，互动数则超过 2.7 亿次[①]。其

---

① 总曝光数指的是含有化妆品品牌词的博文被阅读的总数。博文总数含原创和转发博文。互动数指的是博文转、评、赞次数之和。

中，发表过化妆品类博文的用户数为 2 236 万，参与博文评论的用户数 4 303 万，参与博文点赞的用户数为 9 606 万。在化妆品的总体用户中，女性比率相对较高，达到 67.6%，而且相关用户年龄偏年轻，85 后、90 后、95 后用户高达 74%，同时，这些用户学历以高等学历为主。相比于微博总体用户的属性，化妆品类用户更加偏爱美容、动漫、服装、电商、外语、设计和豆瓣等领域。通过提及词的语义分析，化妆品类用户关注的主要特点是：护肤、防晒、美白、补水等功能。

具体来看，在微博平台上，化妆品类总注册账号约 39 万个，其中认证账号 1.4 万，企业账号占 40%，个人账号占 60%。在认证的企业账号（即蓝 V 账号）中，用户比较喜爱雅诗兰黛、美丽说、雅漾、欧莱雅等账号，而在认证的个人账号中(橙 V 账户) 中，聚美陈欧、洛凡 AdamEve，吴大伟 DvWooood 等比较受用户喜爱。

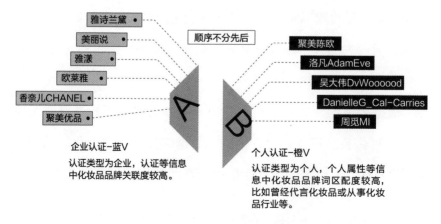

用户喜爱的化妆品类微博账号（2016 年 8 月统计）

根据分析，在各路明星、网红等账号中，化妆品类用户更加青睐王凯KKW、回忆专用小马甲、吴磊LEO和陈意涵等明星大号。

相关化妆品类企业主持的微博话题都取得了很好的传播效果，比如#美妆博主集体被黑#话题是由品牌兰蔻承包的50位博主组成的"专家天团"主持，该话题陪聊任何护肤问题，通通有问必答。该话题截至目前阅读量1.8亿，讨论量4.7万。由美丽说公司官方主持的话题#美丽说安#也有1.8亿阅读量、2.8万讨论量。如下图所示。

美丽说主持的#美丽说安#话题界面

基于以上的分析，欧莱雅在微博上开展了一次营销推广的尝试。2016年是欧莱雅作为戛纳电影节官方彩妆合作伙伴的第19个年头。欧莱雅借助微博平台，以戛纳电影节为事件基础引发用户围观，同时借助李宇春等明星效应已发粉丝关注，与此同时通过2016 年大火的直播进行了品牌传播。

活动期间，欧莱雅利用了微博的开机报头、置顶 TIPS、品牌速递、粉丝头条、话题等多个营销工具。据统计，开机报头点击量 3 221 588，话题文字链总点击 288 422，品牌速递总互动数246 793。欧莱雅主持的话题 # 零时差追戛纳 #、# 戛纳电影节 # 等话题，最终的效果也非常显著，阅读数 3.2 亿，讨论数 125.4 万，关注数 1.2 万。加上李宇春直播期间的电商引流，李宇春同款色系701 号 CC 轻唇膏 4 小时售罄。

引围观		抓眼球		强互动
事件	X	**明星**	X	**直播**
借势戛纳电影节 吸引目标用户围观		吸引星粉关注 引爆粉丝经济		零时差直播戛纳 引发明星同款抢购

#零时差追戛纳#

欧莱雅 # 零时差追戛纳 # 微博营销推广活动

微博平台上的海量数据和内容的用途不仅局限在平台内部，在与其他平台联合的过程中也发挥了重要的社会价值。微博上的数据和内容本质上是对社会问题和公众所关注的问题的反应，如何对这些内容进行有效的筛选、分析和利用，对于解决社会问题、提供政府决策支持等都是一个宝贵的资源。

微博平台本质上是为微力量的价值发挥提供了一个平台，其背后是数据和内容在发挥作用。而上文所述的无论是大明星还是小人物利用这一平台都可以提升自身的微影响力，实现个人诉求和商业诉求的满足。这其中，最典型的是一穷二白的校园达人——学生通过微博平台成为网络红人并进而实现商业化盈利的案例。

校园网络红人的出现是互联网与校园生活结合的必然产物。学生通过互联网进行自我展示是实现自我的一种途径，通过共享专业知识和业余爱好结交同好，如果成为网络红人找到新的盈利模式则解决了个人的工作需求。在内容创业红红火火的今天，校园网络红人成为其重要的一部分。校园红人的出现取决于多个层面的原因：1）首先，平台支持。通过微博、微信等多平台运营，校园红人借助平台力量并通过与平台合作提升了个人内容创业的能力。2）内容生产能力。大学生是高素质人才，具备专业知识、了解互联网文化，具有 IP 内容制作的基本能力，而且进入门槛和成本都不高。3）成熟的商业化模式。目前各个平台间的基础设施和服务支持为内容创业提供了基础，比如从微博到淘宝的电商导流、内容打赏、付费阅读、广告内验等变现方式都已经走出了现成的模式。

利用这些平台，大学生基于自身的条件、资源、知识或爱好，可以迅速提升影响力、打造自己的品牌，并找到合适的商业化途径。根据克劳锐和微博联合发布的校园红人榜，一大批校园红人正在借助微博平台崛起。

克劳锐自媒体价值排行—校园红人榜 TOP20

排名	微博名称	TKI	排名	微博名称	TKI	排名	微博名称	TKI
1	胡楚靓	96.18	8	唱歌的大牛	93.22	15	Blue 巴扎嘿	88.09
2	神经科喵科长	95.72	9	_ 鹿的角	92.68	16	Kitty 叶雅婷 _	87.22
3	盛蕙子	95.68	10	马文超	91.15	17	王之一 _	87.01
4	豆得儿得儿得儿	95.46	11	任雨萌 --	90.57	18	猴艾米 -Emily	86.68
5	吕明蕊 _RG	95.21	12	镟镟 _baby	90.43	19	Sunny 是个小太阳 _	86.47
6	艾败败	94.34	13	王梓薇	90.40	20	葵 ziyooni	85.46
7	Flora 王菲儿	93.75	14	冯朗朗 i	89.44	数据来源：克劳锐指数研究院		

根据微博数据统计，截止到 2016 年 5 月，微博校园红人的粉丝规模高达 1.24 亿，而校园红人的校园粉丝占比相比其他网红的校园粉丝占比高出 30% 左右。校园红人正有效地占领以校园粉丝为基础的大量微博用户。

微信：服务的平台

微信是乘着移动互联网的东风飞速发展起来的社交平台，是腾讯系的主打产品之一，其核心在于社交，到目前为止依然以熟人社交为主。根据微信团队 2016 年 12 月 28 日发布的《2016 微信数据报告》显示，微信日登录用户 7.68 亿（9 月份数据），较 2015 年增长 35%，而 50% 的用户每天使用微信的时长为 90 分钟，日发送次数较 2014 年增长 67%，其中 95 后与用户每日人均发送次数 81 次，典型用户（即满足每日登录且登录时长 90 分钟以上者）每日发送 74 次，老年用户为 44 次。除了日常交流之外，微信的另一个主要功能是朋友圈功能，据微信团队统计，95 后用户发表原创内容占比达到 73%，典型用户为 65%，老年用户为 32%。微信无疑成为国内乃至全球用户量最大、最为活跃的社交平台。

根据微信的特性，笔者将其定位为服务的平台，区别于微博的传播平台的特性。上文提到，在微信刚兴起的时候，一般认为两者是竞争关系。随着用户对两个平台的了解加深和客户对两个平台不同价值的认知越来越清晰，对微信和微博的不同价值越来越明确。新浪董事长兼 CEO、微博董事长曹国伟在 2016 年 4 月份表示，微博与微信竞争最激烈的时期已经过去，微博与微信的两个社交媒体属性完全不一样。他认为，微信的核心是通讯需求，是熟人间的社交，用户多使用频率高。微博是公开网络，具媒体属性，同样内容传播速度和影响力要大于微信。两个网络可以同时发展同时往前走。虽然微博、微信等社交平台都在发生变化，有部分融合的功能，但是二者核心的价值还是不同。借助微信公号和微信开发的小程序等，微信将来服务的价值和空间将会越来越大。

根据中国互联网络信息中心（CNNIC）2016 年发布的《2015 年中国社交应用用户行为研究报告》，CNNIC 把微博定位为"垂直化的兴趣社区"，从用户对微博的主用使用目的看，比如了解新闻热点、关注感兴趣的内容、获取对生活工作有用的知识等是主要目的，这非常符合微博社交媒体和兴趣社区的属性；而把微信定位为"高频互动的熟人社会"，微信最早的出发点和核心就是社交工具，而且是熟人社交工具。微信用户的主要使用目的是"和朋友互动，增进和朋友之间的感情""及时了解新闻热点""分享生活／工作中有用的知识"等。是典型的熟人社交的圈子。

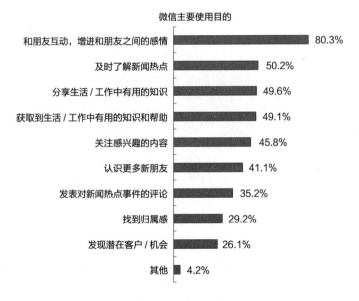

微信主要使用目的

微信主要使用目的

资料来源：CNNIC 社交应用用户调研

微博账号 @ 老徐时评在对微博和微信的诠释中有这样一条博文深刻地解释了微信与微博的区别：微博是一群陌路人，天各一方却互相关注，渐成熟人；微信是一群熟人聚在一起，渐成陌路。微博是虚拟世界，上面的人原本不相识，唯有看文字，渐渐发觉志趣相投之处；微信是现实世界，上面的人似乎都认识，也是通过看文字，才发觉有些人其实压根儿就不认识，或者说不完全认识。

微信的服务功能建立于腾讯系整体地连接一切的愿景，不做重模式，只提供连接的能力并在此过程中实现商业化。如下图所示，

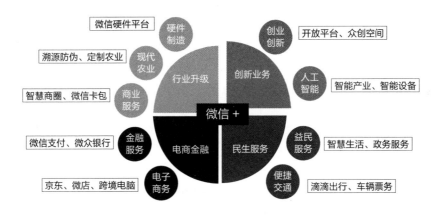

作为连接器的微信

资料来源：腾讯科技

围绕微信建立的生态，在行业升级方面：硬件制造业、农业、商圈等都得益于微信海量的用户关系和卡包、卡券等功能；在金融创新方面，由于微信支付、微众银行的出现，提高了公众理财的便捷性和利润空间，而通过连接京东、58、美团等电子商务平台，充分发挥了微信连接和导流的功能；在民生服务方面，政府、企业都可以利用微信连接的滴滴出行、政务服务能功能实现利民惠民工程；在创业方面，微信开放的平台形成的众创空间大大降低了个人或小企业创业的成本，并获得了平台支持，人工智能相关的设备制造、服务模式都在进行持续的创新。

　　具体来讲，微信提供的首先是社交连接。微信用户平均拥有200 位以上的好友且每天打开频率高达 61.4%，朋友圈成为最受青睐的功能，图文、短视频等内容形式也增强了用户的互动。基于社交的用户黏性强，广泛聚集且不断扩张的线上线下关系延展出了许多服务领域。这成为微信进行互联网＋的重要基础和基本逻辑。在朋友圈的主阵地中，用户登录频率、点赞活跃度都很好，基于这样的特点，微信尝试了许多社交营销和服务的商业化尝试，比如短视频、朋友圈广告、红包照片等。在持续的创新过程中，服务性的生态价值持续凸显。

　　其次，微信提供了以支付为基础的金融服务。以微信红包、转账、收账等功能为主，微信用户在线下商家和微信平台的融合过程中逐渐养成了在微信平台上进行支付的消费习惯。根据中国信息通信研究院发布的《微信经济社会影响力研究报告》，使用过微信红包的用户达 84.7%，微信支付的用户为 58.1%，微信转账为56.9%，包括微信收款、信用卡还款、AA 收款等功能，微信用户绑定信用卡数达 2 亿之巨，微信生态已经为商业化的基础功能——支付打下了坚实的基础。伴随微信支付应用场景的扩大，微信支付的消费额度也不断增长，目前已经有超过五分之一的调研用户月均微信支付额度超过 1000 元。随着金融与电商领域的打通，微信支付有望将现金流从社交转型金融和消费，并实现更为广泛和扎实的连接能力。微信在金融领域的持续开拓，不断建立新的线下支付场景，微信的生态功能会愈加凸显。

　　第三，资讯需求。内容是微信平台上用户交流的基础和载体，在微信公众号、朋友圈等功能的支持下，微信上的内容原创率非常高。在熟人间的推荐下，微信内容的消费更具黏性。如下图，根据相关研究，微信在 2013 年 7 月—2014 年 6 月这一时间段的统计数据显示，微信直接带动的信息消费规模达 952 亿，其中流量消费最大，为 867 亿，其次是游戏、公众平台的消费情况。

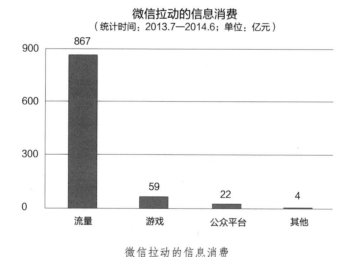

微信拉动的信息消费

资料来源：《微信社会经济影响力研究报告》，中国通信研究院政策信息与经济研究所

　　微信成为网民进行资讯获取、信息消费的主要渠道。在微信公众号＋自媒体原创内容的支持下，信息消费的新旧转化正在加速，以微信为代表的互联网平台正在成为用户的主要消费渠道。去中心化的微信生态依赖强社交关系，具有传统媒体无可比拟的优

势。同时，以微信公号为依托的信息消费中，用户付费的比例也非常可观，据统计，付费单价在 200 元以上的用户比例为 27.4%，10 到 100 元之间的比例为 29.5%，低于 10 元的比例为 42.1%。微信用户在公众号上的付费单价虽然低，但是由于数量基础大，依然带来了很可观的内容收入。

第四，生活服务。生活服务是微信最基本、体量最大的需求所在，微信提供的手机充值、电影票购买、吃喝玩乐、生活缴费（水电等）、彩票等是用户最常用的生活服务功能，其中手机充值是用户使用最多的功能，高达 47.1%。而微信卡包、微信运动、公益捐助、微信读书、理财等也是用户较常使用的功能。互联网时代用户的生活时间高度碎片化，高频使用的微信用读书、运动、卡券等功能深入整合了用户随时随地的需求，是碎片化的时间持续增值，为用户带来便利的同时，也为微信积累了大数据，数据的持续价值挖掘将为微信带来更多的价值。微信多维度地从社交平台向服务平台发展的路径正在不断渗透到用户的日常生活中。

同时，基于微信公众号，海量的企业、媒体和个人正在微信平台上构建自身的影响力。微信平台上超过 1 000 万个微信公众号，其中公司、单位或机构等非个人组织占 72.7%，个人占 27.3%，分布在文体/传媒/娱乐、服务业、IT/通信/互联网和商业服务等各个领域中。其中，超过六成的运营者对公众平台进行了投资。微信公众号发挥的主要连接价值包括信息发布、营销宣传、客户互动、业务咨询、电商平台、客户管理、售后服务、大数据分析、人才招聘等，为企业服务客户或消费者、机构及时发布信息进行宣传提供了平台。通过微信公号的使用企业在提高内部运营管理效率、提高IT水平、降低信息化成本、简化工作和业务流程、提高上下游合作效率等方面发挥了重要价值。

微信连接服务者和消费者（需求端）的价值已经被激活，近距离传播、精准服务在未来会有更大的想象空间。下面，我们以微信红包为主的互联网红包为例，具体说明互联网平台渗透进个人生活与经济社会的过程与逻辑。

2016年，互联网红包再次取得了爆发性的成功。除夕当天，微信、微博、支付宝、QQ等平台的红包满天飞成为新的春节印象。其中，微信红包收发总量80.8亿个。互联网红包的发展是从社交平台开始引爆的，也就是说，是从网民或公众的日常生活中兴起的。2013年红包缘起于电商促销，2014年、2015年，社交平台开始利用互联网红包，从2015年开始，红包逐渐成为大众社交娱乐的方式，用户的需求也不断升级，红包从节日活动发展为代替贺卡、请柬的新的表达方式，从节日走向日常互动方式，各种生活场景和消费场景被打造出来。商机也慢慢浮现，红包的派发激发了互联网支付、银行卡绑定，相关的消费、支付、金融服务、广告服务、O2O等应用接踵而至。线上线下的消费链逐步打通，新商业形态开始浮现。

新商业形态根本的逻辑是，从红包生发的在互联网平台上的金钱流动开始从社交走向交易。大部分用户将红包收益再转发给他人，促进了基于社交的金钱流动。在不断增发的现金流动过程中，在微信、支付宝不断拓展线下商家渠道的过程中，现金流开始进入网上电商购物和线下店家消费，逐渐打造出了一个完整的生态网络。从社交到交易，从单个平台到多平台，从线上到线下，红包现金不断延展到广阔的商业领域，提高了用户的消费体验，改变了用户消费习惯和商业形态。至此，基于微信服务平台的互联网逻辑完成，互联网平台的微力量不断渗透、扩散，讲述了互联网平台时代的微故事。

由于微信较强的人际交往特征，其作为服务平台的特性也特别明显。在微信官方尚未对其服务平台的特性进行规模化开发之前，许多企业就利用微信的公众号包括订阅号和服务号进行商业服务的尝试。这些合作提升了家电产品的用户体验和服务质量。

2016年底，微信的张小龙在微信公开课中第一次系统地阐述了微信小程序的战略和开发规则，虽然早些时候微信就提出了相应的概念，但一直没有规模化。以2017年1月9日开始正式上线之际，微信的这一探索掀起了一阵业内的狂欢，也加速了微信作为服务平台特性的开发和商业化进程。

张小龙在微信公开课中讲道：小程序是一种不需要下载、安装即可使用的应用，它实现了触手可及的梦想，用户扫一扫或者搜一下就能打开应用，也实现了用完即走的理念，用户不用安装太多应用，应用随处可用，但又无须安装卸载。本质上来说，微信通过小程序希望在智能手机里用户可以更快捷地获取服务，但是其体验又比网站要好很多，同时它的麻烦程度又比下载一个 **APP** 要好很多，不像下载一个 **APP** 那么烦琐，这个就是小程序的定位。

张小龙在演讲中也提到了一个典型的应用场景的实例，"前不久跟一个合作伙伴的公司在聊这个话题，他们希望能够知道小程序的发布时间，好做一些准备。他们提出一个场景我觉得特别的切合，即现在汽车票其实没有电子化，所有人去坐汽车必须要去汽车站现场买一张票，这是一个痛苦的过程，你要去排队买票，然后再去坐车，他们希望用小程序来解决这个问题，只需要在每一个汽车站立一个二维码，所有到汽车站的人扫一下二维码就启动购票的小程序，然后直接通过小程序来买好票，这样售票窗口就不用存在了，我认为这是一个非常贴合小程序的想法。"

微信的小程序应用刚刚起步，但是微信作为一个坐拥 8 亿用户的大型互联网平台，其小程序开启的服务平台之旅将把其潜能更快更好地激发出来，深入到各个行业，改变消费者的消费习惯的同时，也在加速各个实体行业的结构性变革，加速消费升级和产业结构调整的步伐。

值得提及的是，根据腾讯科技在微信公众平台上的调研，微信对社会就业影响发挥了积极的作用。根据测算，从 2013 年到 2014

年，微信带动就业人数为 1 007 万人，其中直接就业人数 192 万，间接就业人数 815 万。而从不同平台的维度分析，微信公众平台带动的就业人数约为 978 万，微信应用平台带动的就业人数约 30 万。

目前，在微信平台上，信息服务是最一般性的功能，由于网络化效应和公众号系统的设置，人人都可以是内容的生产者和消费者。在公众号平台上，每个人都可以申请公众账号，进行信息生产和发布。微信平台成为服务的平台，每个人都可以随时成为媒体。加上海量用户基础上的多元化需求，导致各种长尾性内容生产都可以具有足够的消费者，在网络化的社交平台上，内容的消费与扩散也具有层级性和增长性。

这种变化导致的结果是传统媒体的旧格局被打破、颠覆，小微型的内容创作者微能量被释放，并逐渐塑造全新的信息消费生态和媒体格局。以个人账号为代表的自媒体平台正在爆发惊人的内容生产和广泛传播的能量。内容生产方式的变革，由传统媒体走向个人，由专业制作走向日常发布，各自媒体平台不断出台各种鼓励措施扶植个人创作者和较为专业的独立内容生产团队，内容越来越丰富，用户黏性相应提高，整个平台的活跃度也不断增长。主要的内容生产和分发平台微信公号和今日头条都获得了巨大的增长，相比于 2014 年，2015 年微信公众号订阅号增加 200 万，认证 4 万多家，较 2014 年增长 80%＋，而今日头条的头条号也有 3.5 万，较 2014 年增加 800%，贡献浏览量近 4 亿。

以微信平台为代表的新的信息服务平台的崛起已然为微力量的爆发和网络化效应提供了基础，同时这必然深刻改变传统媒体的格局，改变当前的商业传播模式和政府新闻宣传方式。传统媒体如何应对这场变化？目前被经常提到的方案是媒体融合，传统媒体多从自身角度来讲如何把新媒体融合进自己的发展过程中，其实这是一叶障目的表现，因为新媒体的增长性和爆发性是传统媒体无法超越的，而互联网平台背后的发展逻辑与传统媒体的发展思路也截然不同。这种各说各话的融合更像是一种自我安慰。媒体融合的核心是市场的融合，从市场环境变化的角度出发，也就是说首先应该承认新媒体市场对传统媒体市场的巨大冲击，摸清互联网平台特别是提供信息服务的互联网平台的逻辑，反观传统媒体自身存在的问题和障碍，然后提出改革方案，明确自己独特的价值所在，走出适应自身的路径。比如，《纽约时报》的付费阅读数字墙改革，就是一种尝试，其成功与否还不能下定论。但是无论如何，传统媒体面对互联网的冲击必须进行改革。

传统媒体的组织结构不能适应民众对快速及时全面了解信息的需要，传统媒体的文化过于严肃，不能很好地融入互联网文化的特色，在宣传效果上也不如从前；在渠道分发上面，传统的线下渠道缓慢且低效，必须进行线上的迁移；传统媒体的广告收入锐减已成事实，如何在互联网化的过程中创新盈利模式，还有待观察。但是，无论如何，内容是最核心的，谁能掌握最优质的最有传播力的内容，谁就能获取用户，传统媒体的内容生产能力是多年积累的结果，是其不可忘却的优势。新媒体平台目前也面临内容泛滥、优质内容稀缺的问题，也在通过不断创新运营机制和激励机制，鼓励内容创业者生产优质内容，提高平台用户活跃度和消费能力。但是，无论如何不可否认的是，互联网平台上的海量用户是传统媒体不曾具备的，因为在传统媒体时代，读者或观众与媒体是没有联系的，而在平台上信息消费者与生产者在平台上却有着广泛的社交联系和平台方提供的各种沟通机制和工具。传统媒体肯定不能以一己之力抗衡广泛的"微力量"，必须提出新的发展路径。

从互联网平台上的操作、传播与商业化方面，理论上看专业机构（包括传统媒体）和个人基本上处于同一个起跑线上。一般，商业机构或个人通过在微信、微博等互联网平台上注册一个或多个账号进行驻点，通过持续的内容生产和推送打造品牌形象，通过平台方提供的营销传播工具发起营销推广活动，进而在不断努力下汇聚用户和粉丝，在平台上，博主与粉丝形成社群，形成生态化的小群体，不同的群体聚合起来形成网络效应进一步激发整个互联网平台的活力。从这一路径可以看出，发起成本和运作成本都是足够低的，机构与个人都可以实现。

从个体到社群，从社群到生态，互联网平台的平台价值随着时间的增长、数据价值的提升、技术创新的过程，必然是不断提升的。未来，信息采集的主体将会越来越广，不再局限于人，而是通过传感器、自动内容生产工具进行信息的采集和生产；同时，信息生产者也从人工过渡到人与智能机器共同生产；未来的互联网平台不仅仅是人为主体，而是随着物的智能化，人与物共生的平台会越来越广泛；同时，接入平台的终端也将发生变化，不再仅仅是智能手机，而是任何一个智能化的终端都可以连接平台。届时，新的竞争格局不再是传统媒体与互联网平台的竞争，而是平台与平台之间的竞争，人与人之间的竞争。

第二章

程序化传播：媒介传播模式新变化

1. 传统媒体式微与数字传播兴起

互联网技术的出现改变了以往的传播方式，包括电视、报纸、广播、杂志，甚至传统户外广告在内的传统强势媒体都接连受挫。随着用户向互联网特别是移动互联网的迁移，传统媒体的广告市场近年来也受到不小的打击。

从用户黏性上看，eMarketer 数据显示，2015 年我国用户人均每天使用所有媒体的总时间达 6 小时，其中每天花费在数字媒体上的时间达 3 小时左右；在传统电视上花费的每日时间下降到了 2 小时 40 分，此外，杂志、收音机等传统媒体日均使用时间也有所下降。根据 eMarketer 预测，2016 年我国成年人每天在网络媒体消耗的时间将首次超过传统媒体，2017 年我国成年人每天花费在网络媒体上的平均时间将达到 3 小时 5 分钟，占每天使用媒体所用总时间的 50.6%。

2012—2017 中国成年人主要媒体日均使用时间（小时：分钟）

	2012	2013	2014	2015	2016	2017
数字媒体	2:07	2:33	2:49	2:57	3:05	3:14
移动	1:06	1:30	1:45	1:56	2:04	2:13
—智能手机	0:39	0:54	1:03	1:11	1:18	1:26
—平板	0:11	0:22	0:30	0:33	0:36	0:38
—功能手机	0:16	0:14	0:13	0:12	0:11	0:10
台式/手提电脑[*]	1:01	1:03	1:04	1:02	1:01	1:00
电视[**]	2:42	2:42	2:41	2:40	2:39	2:38
广播[**]	0:11	0:11	0:11	0:11	0:11	0:11
印刷媒体[***]	0:14	0:12	0:11	0:10	0:10	0:10
—报纸	0:12	0:11	0:10	0:09	0:09	0:09
—杂志	0:01	0:01	0:01	0:01	0:01	0:01
总计	5:14	5:38	5:53	6:00	6:06	6:13

注：统计人群年龄为 18 岁以上；每个媒介的时间统计包含了该使用该媒介的全部时间。如果用户使用台式或手提电脑的同时也在看电视，持续时间为 1 小时，那么看电视的时间记 1 小时、用电脑时间也为 1 小时；数据因四舍五入加总后与总计可能略有差异；[*] 包括所有使用电脑进行的互联网行为；[**] 均不包括数字媒体部分
数据来源：eMarketer，2016 年 4 月数据

随着传统媒体用户黏性的下降、用户群的流失，广告资源量与营收均受到影响，呈现大幅下降的态势。根据 **CTR** 媒介智讯的报告统计，传统媒体广告市场在 2015 年创下历史下降幅度新低，下降幅度超过 7%，传统媒体的广告市场已经全面陷入下降的境地。其中，平面媒体下降情况仍然非常严峻，报纸广告降幅为 35.4%，

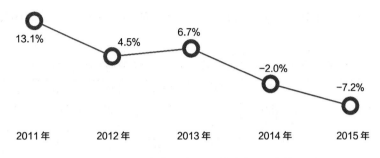

2010—2015 年传统广告刊例花费同比增幅

数据来源：CTR 媒介智讯

其广告占版面积降幅达到 37.9%，报纸广告是传统媒体中降幅最大的；此外，杂志广告下降 19.8%，广告资源量下降 27.3%；电视广告下降 4.6%，广告资源量（广告时长）下降 10.7%；广播广告下降 0.4%，广告资源量下降 13.3%；户外广告下降 0.2%，广告资源量（广告面积）也下降了 7.8%。

2016 年前三季度，我国新媒体广告市场稳步发展，拉动了我国整体广告市场的发展，因此这一时期广告市场整体较 2015 年同期有所好转，但传统媒体广告市场发展仍然不佳，其中电视刊例收入同比下降 3.1%，广告市场减少 3.2%；电台刊例收入同比增加 2.2%，但广告时长减少了 10.8%；报纸和杂志的刊例收入同比分别下降 40.0%、29.9%。传统户外刊例收入同比减少 3.1%，广告面积减少 10.4%。

2016 年 6 月 21 日，由中国社科院新闻所发布的《新媒体蓝皮书：中国新媒体发展报告 No.7（2016）》指出，2015 年互联网媒体广告收入首次超过了包括电视、报纸、广告和杂志四类传统媒体在内的广告收入之和。数据显示，2015 年中国互联网广告市场规模达 2 096.7 亿元（因统计方式不同，与艾瑞数据略有差异），同比增长 36.1%；而同期的电视广告收入为 1 219.69 亿元，同比下跌了 4.6%；报纸为 324.08 亿元，同比下跌 35.4%；杂志为 65.46 亿元，同比下跌 19.8%，广播为 134.30 亿元，同比上涨 1.1%；2015 年广电报刊四大传统媒体行业的广告之和为 1 743 亿元左右，低于 2 096 亿的互联网广告市场的规模。可以看到，从目前的市场规模上看，互联网已经超越传统媒体，成为广告行业中真正的主导者。

2015 年中国传统媒体广告市场与互联网广告市场对比

2015 年中国	收入（单位：亿元）	增幅
互联网广告收入	2 096.70	36.10%
四大传统媒体广告收入	1 743.50	−12.59%
电视广告收入	1 219.69	−4.60%
报纸广告收入	324.08	−35.40%
杂志广告收入	65.46	−19.80%
广播广告收入	134.30	1.10%

　　除了营收的直接下降，我们还能从从业者的"出走"窥见传统媒体走向下坡路的影子。大批媒体人先后从传统媒体离职，其中很多人转向了互联网媒体或直接进行创业。从《南方都市报》离职后

进入网易的龙志表示："来自网络，更先进的技术，实实在在地冲击了传统媒体"，从网易离职后他便自己开始创业。傅剑锋感慨道："传统媒体的议程设置能力已经完全被互联网所替代了……传统媒体的黄金时代已经过去了，下一个黄金时代一定是互联网的了。"

传统的四大媒体正在"失去"他们的用户群，用户集体向网络特别是移动互联网的转移，使传统媒体的营销传播价值受到了削弱。不可否认，传统媒体在衰落已经成为事实。不可忽视的是，随着互联网技术的普及与发展，特别是近两年来移动互联网的飞速发展与智能手机的普及，传统媒体逐步走向衰落的同时，数字传播方式正在快速兴起。目前，全球网络广告与移动广告市场规模均呈现

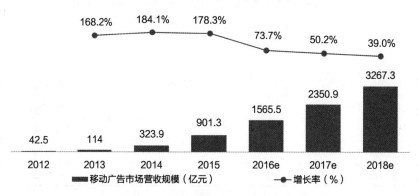

2012—2018 年中国移动广告市场营收规模及增长率

2012—2018 年中国移动广告占网络广告比重

年份	2012	2013	2014	2015	2016	2017	2018
占比（%）	5.5%	10.4%	21.0%	43.0%	55.8%	67.0%	78.0%

2012—2018 年中国互联网广告市场规模及移动广告比重情况

资料来源：转引自艾瑞咨询，其中 2016—2018 年为根据模型推断的预测数据值，非实际值

出了蓬勃发展的态势。

在国际上以美国为例，2015 年美国互联网广告营收达 596 亿美元，实现连续六年两位数增长，广告营收达到了 20 年来的历史峰值。其中，移动互联网广告增速高达 65.6%，规模达到 207 亿美元。其移动端营收贡献率目前呈现逐年增加的态势，2015 年占互联网广告整体规模的 34.7%，显示了国际互联网用户从 PC 向移动端迁移的趋势。

我国网络广告市场规模也逐年扩大。自 2005 年以来，我国网络广告市场规模每年以两位数百分比逐年攀升，近两年来虽增速略有放缓，但整体市场规模扩大趋势锐不可当。目前，我国广告主已经将更多的营销精力和广告预算转移到网络广告中，搜索、电商平

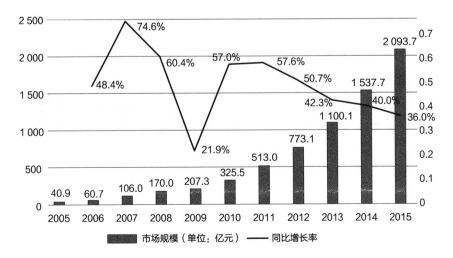

2005—2015 年中国互联网广告市场规模

资料来源：艾瑞咨询

台、视频、社交等新的营销领域均发展迅速。在经济新常态的方针
政策指引下，我国工业内部结构进行调整，消费市场得到大力发
展、消费者消费水平不断提升，市场营销及广告需求增长。我国
网络广告市场已于 2015 年突破 2 000 亿，广告市场规模一直保持
较高水平的增速。随着网络广告市场发展不断成熟，未来几年的增
速将趋于平稳，根据艾瑞咨询数据预测，我国网络广告市场整体规
模有望于 2018 年突破 4 000 亿元。

此外，2012 年来，我国移动广告市场规模自每年以超过 160%
的增速迅猛发展。2015 年，中国移动广告的市场营收规模达 901.3
亿元，同比增长率高达 178.3%。其在网络广告中的占比也逐年

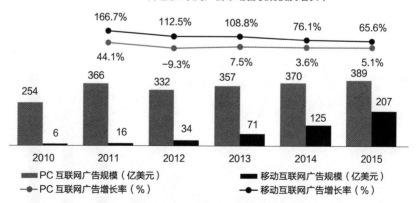

2010—2015 年美国互联网广告市场营收规模及增长率

年份	2010	2011	2012	2013	2014	2015
占比（%）	2.3%	4.2%	9.3%	16.6%	25.3%	34.7%

2010—2015 年美国移动广告占网络广告比重

2010—2015 年美国互联网广告市场及移动广告比重情况

资料来源：艾瑞咨询

攀升。

互联网技术彻底改变了传统的传播思路，在大数据技术和海量数据积累的支持下，新的传播思路正在发展中，业界也出现了新的方式，程序化购买正在兴起。新的传播方式需要新的作业方式，并对从业人员的能力提出了新的需求，要求他们不能再用过去传统的思维方式进行思考，而是要进行彻底的革新。

2. 程序化传播：从购买渠道到购买"人"

正在兴起的程序化购买

程序化购买的概念

程序化购买指的是通过广告技术平台和相关数据进行广告投放，自动地执行广告资源购买的流程。在程序化购买中，广告主、代理公司、媒体方等直接通过技术平台进行数字化的对接。要更好地理解什么是程序化购买，需要了解以下概念，才能清楚地认识程序化购买的流程和环节。

需求方平台（Demand Side Platform，简称 DSP）

需求方平台的主要使用者是广告主和代理方，DSP 把主流的广告交易平台（Ad Exchange）系统对接，广告主可以通过 DSP 完成广告库存购买的动作，DSP 给广告主们提供了一个统一的、更加简单的操作界面，是一个为广告主提供跨媒介、跨平台、移动终端的广告投放平台，能够通过实时数据分析来进行购买、投放广告，并形成报表，使广告主的购买行为更为有效。

供应方平台（Supply-Side Platform，简称 SSP）

供应方平台的主要使用者是媒体方（除了媒体自身外，还有一些在线广告联盟（Ad Network）对接多个媒体，它们手中也握有相应的广告资源，与媒体方一同被称作供给方），使媒体方进入广告交易流程。媒体方是整个程序化购买中的资源供给方，他们将自己的剩余库存流量接入 Ad exchange 中，进行变现，以此提高媒体的

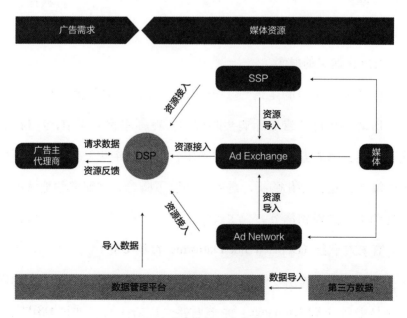

DSP 在程序化购买中的位置

资料来源：易观智库

广告收入，同时也能够解决其剩余的尾部流量问题使流量价值最大化。**SSP** 能够帮助媒体方（在移动端主要是移动站点和 **APP**）进行广告位管理，其主要功能是针对广告位分配进行管理，筛选来自不同交易平台的广告请求并进行审核，管理相关的价格等。通过媒体自身对资源的定价和管理，优化媒体的营收。

广告交易平台（Ad exchange）

广告主和资源提供者进行交易的场所，是一个开放的、能够将媒体主和广告商联系在一起的在线广告市场（类似于股票交易所）。

数据管理平台（Data-Management Platform，简称 DMP）

数据管理平台可以帮助广告主实时地梳理和整合多方数据，通过建模、细分人群等方式，增强广告主对所有这些数据的理解，进行数据洞察和智能管理，通过数据的回传、积累，能够进行更精准的定位，帮助实现更精准的投放，产生更好的投放效果。

在整个程序化购买中，广告主及其代理商使用 DSP 发出投放请求，通过 Ad exchange 完成与供应方之间的交易。

程序化购买的流程

传统生活中的每个人到了数字世界，都会留下自己的痕迹，通过互联网技术，我们可以积累、储存每个人的相关数据，并对这些数据加以分析、挖掘、利用。也就是说，在互联网中，首先能够通过数据监视每个个体行为，理论上就能够确认这个人"是谁"、是不是广告主需要寻找的特定受众？程序化广告就是通过这样的判定，给特定的受众推送广告的，也就是说一个人如果是广告主所需要的"对的人"，才会接收到广告，如果不是，则不会将这条广告推送给他，在此基础上还可以根据这个人的喜好习惯，推送适合这个受众的内容，因此广告效果会有所提升。程序化购买实现的基础是对用户的识别和个体画像的完成，继而形成了群体画像帮助广告主方便地进行广告投放，我们首先来了解画像的概念。

个体画像与人群画像（用户画像）

在数字世界中，我们有多种技术手段可以追踪和识别单一用户，在 PC 端主要是利用储存在用户本地终端上的数据（Cookie），移动端可以利用国际移动设备身份码（IMEI）、国际移动设备广告标识（IDFA）等机器唯一识别码对个人的身份进行标记。大型平台还可以利用自己的账号体系进行跨平台的追踪和识别。需要注意的是，理论上有诸多方法能够识别用户，但目前对于用户跨平台的识别因为有种种不稳定因素，如 PC 端 Cookie 会被删除清空导致变化、IMEI 和 IDFA 等机器识别码有时被保护无法获取等等，因此距离真正实现 100%准确追踪还有很长的路要走，各大厂商之间竞争的优势之一就是谁能够更准确地描述用户，谁的广告效果会更好。

我们将上述针对不同个人的描绘称作个人画像，个人画像是形成群体画像的前提和基础。描述个人可以被理解为"打标签"的过程，人就像商品一样被描绘——他的性别、年龄、职业、消费水平等等信息，都被识别并储存，这些数据都会对应到每个人的身份标识上。当同一个人再次接入网络，系统则能够通过这些识别方式认识到，这个人是谁、他有怎样的特点了。

根据不同的特征，我们能够对这些人群进行分类，对不同人群进行类型识别和描绘就是人群画像。人群画像将不同人的共性进行提炼，广告主根据自身的需求，可以寻找不同的人群进行触达。

程序化购买的实现

有了用户画像的概念，就容易理解整个程序化购买运作的流程了。首先，广告主在做营销传播之前会有一个目标，比如卖中低端化妆品的品牌，针对的目标人群可能是年龄在18—25岁的年轻女

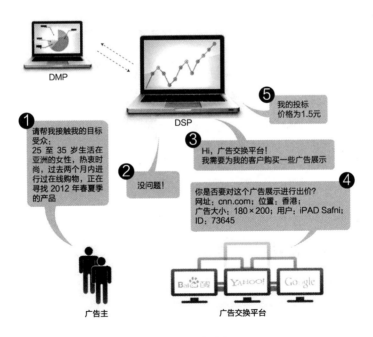

程序化购买的过程

性，其中又有一部分人可能是学生族群，企业需要针对这部分人做广告传播。

企业通过 DSP 平台，明确自己的需求。当用户接入网络时，用户被识别，通过 DMP 的数据支持，可以更有效地对用户进行辨识，假如这是一个 20 岁的女大学生，喜欢时尚，经常在网络上直接购买化妆品，属于广告主需求的人群范围，那么根据各个不同广告主的出价则可以在广告交换平台完成对这个受众的购买交易，并且可以根据这个人的兴趣爱好和特点，向其展示不同的广告创意。

程序化购买的交易方式

程序化购买主要通过实时竞价（RTB）和非实时竞价（Non-RTB）（相对于实时竞价的广告交易方式的概念，即是广告产品的远期交割）的交易方式来进行。目前在业界 RTB 这种参与方式最为普及，媒体通过广告交易平台 SSP 将自己的剩余流量资源开放给所有的买方，DSP 代表广告主参与竞价。通过 RTB 技术，对目标受众的每次曝光机会进行拍卖，在极短的时间内完成竞价，价高者获得该次广告展现。而 Non-RTB 的结算方式则是采用优先出价或事先约定的价格进行结算。按照广告位优先级从高至低排序如下：

私有程序化购买 / 程序化预定（Programmatic Direct Buying 或 Premium Direct Buying，简称 PDB）

媒体手中拥有一定广告主常规购买的优质媒体资源，这些保量的媒体资源，利用程序化购买的方式进行人群定向等多维度定向的广告投放就是私有程序化购买。采用这种方式，广告主能够以固定的价格购买预定库存，供需双方根据确定的价格和比例来进行广告资源交易，也就是说采用这种交易方式，价格和广告位置均是确定的。

私有竞价 / 受邀竞价（Private Auction，简称 PA）

供给方还可以把受广告主们欢迎的广告位置专门拿出来，放到一个半公开的市场中进行售卖，邀请一些有实力的广告主们，进行竞价，价高者得。这种方式与 RTB 方式的竞价方法相似，不同之处在于买方是特定受邀对象，他们通过受邀竞价购买未预定库存，仅有供给方指定的需求方才可以进行这种交易，并且可以授予不同广告主差别化的权限和待遇。

优先交易（Preferred Deals，简称 PD）

通常是指需求方按照固定价格优先购买供应方未预定的广告库存，一般而言是媒体与买方事先进行过价格方面的约定，它与 PDB 的区别在于广告资源具有一定的不确定性，广告位的展示量，不能预先保证。比 RTB 方式而言，能够以确定的价格进行交易和并且以较为优先级别进行。

实时竞价（Real Time Bidding，简称 RTB）

以公开竞价购买未预定库存，即开放式交易，是指所有需求方均可购买供给方的未预定库存，是 DSP、广告交易平台等在网络广告投放中采用的主要售卖方式。当用户满足几家广告主投放需求，

Ad exchange 会将各广告主通过 DSP 的出价进行比对，以类似拍卖交易的方式进行竞价，每个拍卖者只有一次出价机会，价高者获得本次广告展示机会。这一系列动作发生的时间非常短暂，在百毫秒内即可完成。也因此，RTB 这种方式无法向广告主保证，每次出价一定会获得本次对该受众的展现机会，即无法为广告主预留广告位，无法保量。

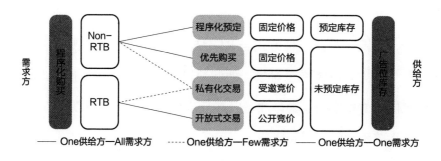

传统购买与程序化购买的对比

资料来源：艾瑞咨询

初期程序化购买的广告以 RTB 方式为主，注重的是广告投放后的效果。目前已经有越来越多的品牌广告主也开始重视程序化购买的方式。特别是一些 Non-RTB 的交易方式，既汲取了 RTB 交易方式的优势，例如能够对广告内容进行个性化展示并且控制投放广告的出现频次，又弥补了一些 RTB 交易方式的不足，例如能够保证广告位置的质量。这样一来，既能够保证效果，又避免了费用浪费，真正帮助大型品牌广告主实现数字广告程序化。

程序化购买的不同交易方式

交易方式	库存类型	出价方式	参与方式	其他相关术语	国内相关术语
automated guaranteed	预定	定价	一对一	Programmatic guaranteed Programmatic premium Programmatic reserved Automated Guaranteed	程序化直接购买 Programmatic direct buy
unreserved fixed rate	非预定	定价	一对一	Private access First right of refusal Unreserved Fixed Rate	优先购买 Preferred deal
invitation-onle auction	非预定	竞价	一对少	Private auction Closed auction Private access Invitation-Only Auction	私有市场PMP Private marketplace
open auction	非预定	竞价	一对多	RTB Open marketplace Open Auction	公开竞价RTB Open exchange

程序化购买的交易方式

资料来源：艾瑞咨询

程序化购买的特点

与程序化购买相对应的是传统的人力购买方式，传统人力购买

方式完成广告购买的流程如下：广告主通过代理公司或直接与媒体

对接，购买所需要的广告资源，完成对广告位资源的购买过程。要

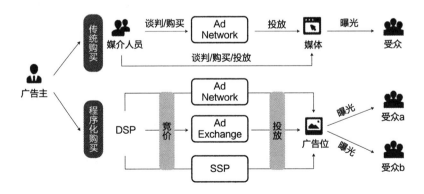

程序化购买交易方式

资料来源：艾瑞咨询

认识到程序化购买的意义，就必须要了解程序化够买与传统人力购买的方式最为本质的不同，在于程序化购买方式完成了从"媒体"购买（或称"广告位置"购买）到"受众"购买的这一转变。通过程序化购买方式，广告主可以根据自身需求，通过数据的积累与分析，直接找到与产品调性、特点相匹配的目标人群进行传播，直接采购面向这些受众的相关资源，曝光给特定受众群体，也就是说，程序化广告实现的是受众的购买。

与人力购买方式相比，程序化购买还有以下特征：

自动化

程序化购买通过广泛地对接广告资源和算法自动产生广告投放动作，避免了传统广告资源采买的低效率，实现了广告产业链的自动化，能够帮助企业节省人力。

精准化

基于互联网海量数据，实现对受众的分析，精准匹配广告主传播所需要的目标人群，对不同人群可采取不同的创意，实现对受众的精准传播。

动态化

通过程序化购买方式进行广告投放，广告主能够得到投放效果的实时反馈，并且可以根据广告的投放表现调整投放策略、投放计划、投放创意等，及时进行修正，使传播效果最大化。

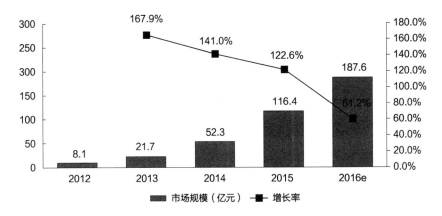

2012—2016 年中国程序化购买市场规模

数据来源：紫数网

程序化购买的现状

我国程序化购买市场规模近年来不断扩大，根据不同机构的预测，我国程序化购买市场规模在 2016 年达到 200 亿左右（参见下表）。

中国	导入期					成长期		
	2012A	2013A	2014A	2015E	2016E	2017E	2018E	2019E
广告（亿元）	4 698	5 020	5 773	6 466	7 242	8 111	8 922	9 814
广告YoY		7%	15%	12%	12%	12%	10%	10%
互联网广告渗透率	17%	22%	27%	31%	35%	37%	39%	40%
互联网广告（亿元）	773	1 100	1 540	2 004	2 535	3 001	3 479	3 926
互联网广告YoY		42%	40%	30%	26%	18%	16%	13%
程序化购买渗透率	0.7%	1.4%	3.1%	5.0%	8.0%	12.0%	18.0%	21.0%
程序化购买（亿元）	5.5	15.3	48.4	100	203	360	626	824
程序化购买YoY		178%	216%	107%	102%	78%	74%	32%

2012—2019 年中国程序化购买市场规模预测

数据来源：申万宏源研究

受到国外程序化广告的冲击与启蒙，国内也有很多网络广告服务商开始了在程序化购买领域的发展部署。阿里妈妈于 2011 年 9 月正式对外发布 Tanx 营销平台；Google 宣布在中国推出 DoubleClick Ad Exchange 广告交易平台……当下我国程序化购买的产业链版图正在逐步扩展和充实：品友互动、易传媒、好耶、银橙传媒、悠易互通等都是典型的 DSP 公司。根据不完全统计，我国市场上已经涌现出超过 50 家 DSP 厂商。此外，互联网领域中的巨头如百度、阿里巴巴、腾讯（BAT）和其他大型门户网站也纷纷推出平均趋向指标（ADX），如淘宝的淘宝直通车（TANX）、百度的百度流量交易服务（BES）、腾讯的云平台（TAE）、新浪的广告交易平台（SAX）等。

为满足不同类型广告主的需求，新的交易方式不断被发掘，我国企业也在根据本国情况进行交易模式的本土化，例如芒果移动为保证开发者的利益，在优先购买的基础上开发出一对一轮询问价的售卖方式，即按照一定顺序向需求方进行询价，只要需求方反馈的价格（实际的成交价格并不固定）满足条件就算购买成功，若条件不满足，则继续向第二家进行询价。Non-RTB 交易模式近年在整个程序化购买中所占比例逐年升高，预计未来会与 RTB 模式共占半壁江山，共同为企业进行自动化、数字化的传播而服务。

RTB 广告在私有市场中的应用，也正在逐年攀升，为广告主提供了丰富的选择。

2012 年下半年 DoubleClick 开放了移动端流量，率先开始了中国移动端广告的程序化购买模式，但当时可用的广告资源仍然较

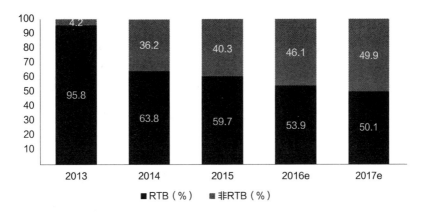

2013—2017 年中国程序化购买不同方式投放结构

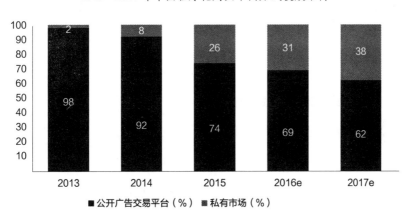

2013—2017 年中国 RTB 广告不同平台投放结构

少，整体的市场规模偏小。在 2013 年下半年以后，产业链各环节
的参与者陆续出现，行业竞争将逐渐加剧。

程序化购买的案例

我们来看几个真实的程序化购买案例，通过这些案例能够帮助

我们厘清程序化购买广告投放的优势。

案例一：利洁时集团下的杜蕾斯品牌在互联网上推广持久装产品

2014 年 7 月 14 日至 8 月 10 日，利洁时集团下的杜蕾斯品牌在互联网上推广持久装产品，在 PC 和移动双平台进行程序化购买，实现精准投放，在突出产品性能的同时，积累了自身用户数据。在整个传播过程中进行实时优化以提升传播效果。在持续的优化过程中，其广告点击率稳步提高，在第四周点击通过率（CTR）达到 0.50%。第三方监测数据显示，全周期，悠易互通 DSP 广告引流访客中，99% 为杜蕾斯官网的新访客，二跳率为 44.04%，平均停留时间为 95 秒。

数据匹配，精确寻找目标人群

这次投放中最大的亮点是利用大数据分析找到该产品的目标受众。传统的目标受众确定方式是进行小样本的调研，通过调研结果判断目标人群，总结其特征。而在杜蕾斯持久装这次的互联网推广中，直接利用了杜蕾斯官方网站收集到的访客数据和第三方大数据库（悠易、百度、秒针等）进行 cookie mapping（DSP 提供的一个平台 cookie 到 DSP cookie 的映射服务），通过技术手段直接获取了网络推广的目标受众，这种方式比传统调研更具备确定性，范围也更广泛。根据 52 328 个匹配上的 cookies，确定了本次推广活动的目标受众主要是男性，年龄范围在 15—39 岁。与其他人群相比，来自杜蕾斯官网的受众拥有以下兴趣特点：最为突出的兴趣爱好是影视、大型网络游戏、动漫、网络小说／文学、社交，这类属性被定义为目标人群的核心兴趣；此外，在推广中还定义了其他兴趣标签作为备选属性，例如音乐、服饰、体育、休闲游戏、汽车、娱乐、家居等，这些备选属性是为了进行测试方便优化。

通过杜蕾斯官方网站确定推广目标人群的特点以后，还需要结合第三方大数据，直接扩大推广的人群范围，分别尝试使用人口属性标签（15—39 岁男性）和兴趣属性标签进行测试，比较不同人群标签的推广效果。其中，根据人口属性标签进行人群扩散后，发现了 19 655 521 可投放的 cookie，而根据兴趣属性标签进行扩散获得投放 Cookie 数量为 53 692 608。

多次触达，持续进行创意沟通

本次推广过程中整个创意分为三大部分，即产品创意、功能创意和促销创意，也就是应用了"创意递进策略"。根据投放所处的阶段和推广的目的，选择适合与受众沟通的内容。初期投放的是产品创意，对所有目标受众进行投放，广告的 landing page 是杜蕾斯官网持久系列综述页面，通过该页面加强用户对于持久系列产品的产品认知；第二版创意直接针对已经和第一版本广告产生互动行为的受众，如点击过第一个广告的目标受众则会继续看到第二个功能创意广告，利用定向投放的方式对这些 cookie 进行二次曝光，这一次的 landing page 是杜蕾斯持久装（Durex Performa Intense）的产品详情页，其目的在于增加受众对持久装产品的了解、偏好程度；

第三版的创意为产品促销，landing page 直接改为一号店中的杜蕾斯网店，直接为网店进行导流，促进产品销售。

关键词定向，内容匹配协助推广

此外，本次推广还使用了页面关键词定向技术，对整个广告交易平台发出的竞价请求的页面进行语义分析，如果该页面中包括杜蕾斯客户事先确定好的关键词，例如品牌/产品词、竞品词、通用词/品类词等，则对该页面进行标记，当第二次收到广告交易平台发送的该页面的广告的竞价请求时，则会参与竞价，竞价成功，则杜蕾斯持久装的广告出现在该页面上。

实时优化，调整策略提升效果

项目执行中，实时对数据进行监测、分析，在人群标签、关键词、时间、算法四个方面进行优化：首先进行投放测试，对各组备选人群标签分别进行投放，然后进行数据比对，通过数据能够发现服饰兴趣点击率低，而体育家居兴趣点击率高；此外，包含相对较为宽泛的通用词/品类词的页面广告点击率较高，而仅有品牌词/产品词的页面广告点击率欠佳；周末（周五到周日）的点击率要高于平时；依据这些数据实时调整投放策略和进度。另外，还使用悠易互通 DSP 特有的自动试探 + 自动优化的组合功能，用机器学习的方式，来提高效果。利用自动试探针对于之前没有投放过的广告位，以每个广告位最多 5 个 CPM 的投放测试效果，效果较好的广告位则进入自动出价系统，基于历史投放数据以及订单当前投放数据，由系统自动预估各广告位的合理出价，实现自动分广告位出不同价格的功能。

及时反思，日后投放可供参考

除了根据前文所述的几个发现实时进行投放调整外，在本次推广中，还发现人口属性标签在前端点击率效果较好，而兴趣属性标签在后端浏览和互动程度效果较好。

在未来投放中，可以根据不同的营销目标，有针对性地选择不同的目标受众来进行投放。在本次投放中企业发现利用三个创意层层递进推广单一产品，整个过程过于复杂，一层一层筛选过后导流到电商平台的用户数量就大大降低，整个投放用户流失率较高。因此建议未来可以只用两个版本创意即可，第一个版本创意的落地页为官网的产品详情页，主要目的是让访客在第一时间了解所推广产品，并通过第一次投放收集到用户的个人数据，以便进行人群洞察和人群扩散；第二次广告再触达直接将落地页设置为电商平台，为电商进行导流，促进产品的购买。

上述实时优化也分为许多方面，在受众、出价、时段、创意等方面，均需要不断进行调整。下面我们再通过具体的例子，看一看企业是如何进行优化的。

在调整优化中寻找目标受众

在上述杜蕾斯案例中，是首先通过杜蕾斯自身积累的官网数据找到已有受众群体特征，并利用 cookie mapping 的方式找到进一步要推广的人群。也有一部分企业，没有自身官网数据的积累，可以直接在投放过程中逐渐找到、学习自己的目标人群。比如新康泰克在推广通气鼻贴过程中，就首先通过学习期，找到相关的受众的兴趣点：根据早期广告投放的各垂直类 APP 的投放效果，将点击人群进行兴趣分类，找到了教育类、阅读类、健康医疗类、生活类等 APP 上的广告效果比较好，此后对整个投放的媒体进行筛选，在不断调整的过程中，积累到受众数据，运用前期投放过程中收集到的新康泰克通气鼻贴受众信息，结合系统自动优化算法，进行媒体、时间、人群等重新定向，进行再投放时则获得了良好的效果，为期一个月的推广事件内共曝光 17 776 966 次，点击量达到 197 566，点击率为 1.11%，此外还吸引了 9 355 名受众参与互动，其中有 844 名受众转化为注册人群，转化率高达 9%，优于行业一般水平。

案例二：博士伦蕾丝系列彩片推广

互联网给了企业最大的一个机会去不断进行试错和调整，通过数据能够清晰看见整个策略的调整方向。

出价优化，试探最优转化成本

博士伦蕾丝系列隐形眼镜通过前期大量的数据收集与更新，运用 DataBank 分析得到博士伦蕾丝彩片系列的精准人群兴趣，确定初期投放规则。根据实际投放效果，将兴趣标签按照对后期转化的影响力分为三类，进行测试投放与优化，试探各自最优转化成本。

由下图可见，初期数据分析结果显示，整个目标人群分为三大类即核心人群、中心人群和外围人群。核心人群兴趣标签中涵盖个护美容、食品餐饮、阅读、服装饰品、母婴等兴趣标签，可以看到这些人的兴趣爱好确实与博士伦隐形眼镜所针对的群体密切相关，对于这类人群采用高出价，增强在核心人群中的曝光度，提升整个广告的效果。针对这三类人群依次采取的高出价到低出价策略，不光能对广告效果有所提升，同时还能够节约成本，避免不必要的浪费。

人群扩散：扩散数据源

■ 对投放初期数据进行分析，按实际效果对人群标签进行分析并采用差异化投放策略

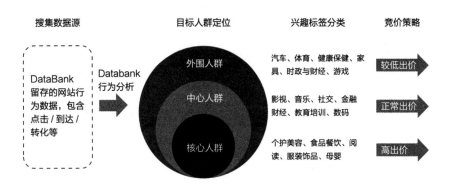

博士伦案例 Databank 数据源与目标人群定位

资料来源：悠易

对于每一类兴趣群中的受众，还需要进行出价调整，找到合适的出价边界。在首次出价的基础上，上下波动进行价格调整，并根据点击率、转化率、平均访问时间等数据，拟定最优的出价策略。

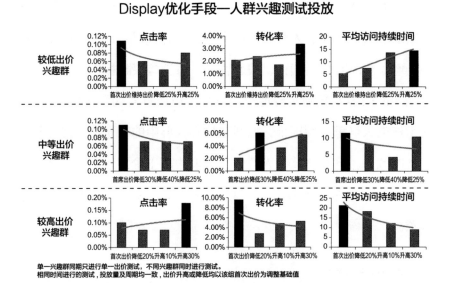

博士伦安全例 display 优化

资料来源：悠易

以图中数据为例，若较为看重转化率，可依次选择升高 25%、降低 30%、首次出价。在实际投放中，还可根据需要，舍弃转化率低的分类群，维持高转化率。

时段与创意素材优化

此外，还可以根据数据反馈，进行投放时段的优化。将流量按照点击与转化的效果进行分类，各个区间区分优化策略。因为周末效果不如平日好，直接对周末进行减半投放，有效避免低转化下的曝光浪费。

蕾丝项目的第一阶段，由于网页设计的问题，导致大量点击到站人群并没有形成任何有效的互动，直接导致了流量流失，这属于投放素材出现问题。发现问题后应及时进行调整，对素材进行优化，删除多余跳转页面后，直接将用户引流至品牌及产品信息页面，到达率显著升高。

案例三：喜来登酒店开展"与亲友踏上美妙的时间旅行"活动推广

多种技术手段配合实现定向投放

喜来登酒店开展"与亲友踏上美妙的时间旅行"活动期间，直接利用手机的 LBS 定向技术，覆盖了超过 105 个城市、900 个商圈，对这些有喜来登酒店的地方进行目标城市定向，通过手机的插屏、banner 广告触达目标人群，在广告落地页面直接进行预约入住，通过优惠活动促进预约人群转化，实现了从线上到线下的互动。

总体说来，程序化购买实现的"受众"购买，真正让广告主体验到，针对不同的人做个性化的沟通交流产生的良好效果。传统直接购买广告位的方式，对所有人都说一样的话、用一样的创意，效果不佳，有时甚至对受众造成打扰，给用户带来诸多不便。而通过程序化购买，针对不同的个体，可以推送不同的内容，受众看到的内容与自己的兴趣爱好相匹配，所以说好的广告对于受众而言，是有价值的信息而不是无用的推销。此外，传统的购买方式无法积累到企业的核心用户，而采用程序化购买直接购买受众的方式，能够帮助企业，积累自身数据。真正帮助企业实现围绕用户需求进行服务。

在刚刚结束的 2016 金触点·全球商业创新峰会的颁奖典礼上，AdMaster 携手 Accuen 联合打造的"联合利华清扬 PDB 私有程序化营销案例"，凭借创新的退量模式下的 PDB 营销、DMP 数据对接和应用技术，获得了全场最具技术含量的"大数据与技术营销案例奖"。

联合利华旗下的清扬品牌在广告投放时，需要让男女受众分别看到与其相对应的产品，将不同产品线的广告受众区分开来，通过差异化的广告创意触达男性和女性两类不同用户群。与此同时，该广告在多家媒体同时投放，要实现跨媒体的频次控制，也就是说要避免各媒体之间的重合用户重复多次看到同一个广告，一方面避免打扰到用户，另一方面也直接避免广告投放的浪费。根据联合利华清扬品牌的特点和需求，Accuen 设计和策划了清扬 PDB 私有程序化项目的投放，使用 AdMaster SmartServingTM 技术，并利用 AdMaster 的数据技术对接腾讯 DMP，采取退量模式的 AdServing，由品牌自主选择优质流量进行投放。通过腾讯 DMP 实时判断用户属性，针对不同用户投放不同的产品广告，并实时判断用户观看次数，按次序播放不同的创意版本，实时判断用户跨媒体频次，将超频流量退给媒体，不做投放的方式既避免了流量浪费，同时也避免影响用户的观感体验。

在实践中，我们不仅看到了程序化广告的优势，同时也看到了程序化广告还处在发展的过程中，很多新的交易方式得到了应用和发展。但是我们也需要注意，这其中还存在一些我们必须要解决的问题。

程序化购买的发展与问题

程序化广告是否适合所有企业呢？企业要接触的是用户，用户转移到互联网上，那么企业就需要工具来与这些网民进行沟通，也就有程序化购买的用武之地。目前已有许多充分竞争的行业都已经将预算逐步转向程序化购买，例如快消、电商等，此外，传统行业也陆续加入到程序化购买的潮流中来。可以说，目前程序化广告已成为广告主投放的标配。但是，目前我国广告主整体上对于程序化购买的认知度并没有跟上程序化购买行业的整体发展进度，因此还需要不断地进行程序化购买的市场教育和普及。相信在整个行业的共同努力下，未来会有更多企业不断加入到利用技术、数据与用户进行沟通交流的这一过程中来。

移动广告投放目前已快速进入程序化购买时代，未来移动端程序化购买将占据程序化购买的半壁江山。移动端高度的碎片化和需求的个性化使移动端比 PC 端更有程序化购买的需求。用户除了使用 PC、手机、PAD 外，近年互联网电视也逐步深入到用户生活，移动端、PC 端甚至电视等设备使用场景有所不同，在此基础上进行跨屏联动，将是主流选择，跨屏投放方式能够在不同使用场景下接触用户，满足用户在不同场景下的使用需求，在不同终端能够依据不同的传播目的来进行不同的创意展现，提升传播的效果。在未来，跨屏的用户身份识别、数据融合将成为程序化购买中需要解决的问题。

随着程序化购买技术的发展，优质媒体资源不断并入到程序化购买的投放方式中来，程序化购买的交易方式也在不断丰富，品牌广告主也随之越来越重视程序化广告的投放。程序化购买并不等同于效果类广告，已经有越来越多的广告主意识到，品效合一的重要性。程序化广告也能够为品牌广告主所用，而不仅仅停留在解决长尾广告资源和注重效果上。私有程序化购买（PDB）将比 RTB 方

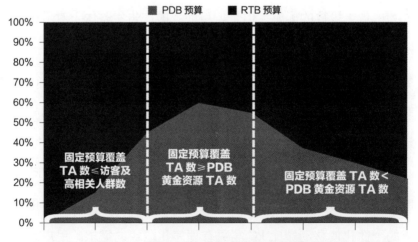

由公式＊推算得出：基于广告主预算的规模所能覆盖的 TA 人群数量，
RTB 与 PDB 组合使用可使投放效果最大化。

不同预算下广告效果最大化的预算组合分配占比情况

式更大范围地满足大型广告主的广告投放需求，未来的广告主大量预算将投入在 PDB 上。超大型广告主的进入也将给程序化广告市场带来更大的空间。在广告投放中，应该采用 RTB、还是 PDB 进行交易对广告主造成了一定困惑。根据品友互动的模型发现，采用 PDB+RTB 组合的形式，解决其中的效率问题，可使投放效果最大化。

程序化购买的飞速发展，对于如何积累数据提出了更高的要求，数据的质量和数量均需要进行提升，才能满足未来程序化购买精准性的需要。但是目前国内数据供应商的数据大多是独有并自行扩充，一方面在体量上难以达到足够规模；另一方面，单一数据来源并不能够满足对用户全方位的精准描绘。大量数据信息被 BAT 等大型互联网公司垄断，碍于用户数据安全和保护隐私的考虑，以及不同厂商之间的竞争因素，拥有大量数据的平台数据共享较难。需要建立一些完善的机制使数据供应商之间进行数据交换和分享。

在发展和问题不断解决的过程中，对产业链中各参与角色都提出了更高的要求。

广告主首先要能够重视整个网络环境的变化，明白数据在当下的重要性，对自身拥有的第一方数据进行积累、更新、管理，除此之外还需要借助第二方、第三方数据，帮助进行用户的画像进而进行程序化购买、实施广告投放。对于自身数据，要重视质量的提升，利用外部数据时注意数据安全、扩展数据量级，充分利用数据的价值。对于投放产生的效果应当及时评估，实时优化，这也要求企业需要专门的数据管理和营销传播人才。媒体自身应当重视资源的合理分配，利用 RTB、PDB 等不同交易方式充分满足广告主对于资源的需求。利用自身或外部交易平台将更多资源以程序化方式出售，提升整体的交易效率。产业链内各服务商也应当提升自己的服务水平，通过技术协助广告主解决程序化购买过程中的一系列问题。例如，解决跨屏识别用户困难的问题、提升用户识别的准确度。注重不同广告主的需求，为之提供定制化的服务。此外，需要协助企业积累企业第一方数据，建立企业自有 DMP 平台，充分整合各方数据，帮助企业运营、管理自己的核心数据，进一步实现与受众的规模化个性化传播和沟通。

需要注意的是，通过程序化购买的方式触达用户本身只是一个开始，并不是整个传播活动的结束。通过这样的触达，企业能够积累用户数据，建立庞大的数据库，通过对这些数据的分析和挖掘，能够寻找到受众的特性。利用建模能够寻找到更广泛的受众。同时，可以根据不同传播对象建立不同的沟通策略和传播内容，实现对大规模受众进行一对一的个性化沟通。不断建立与用户之间的联系，维系彼此之间的关系，满足其需求，通过服务用户不断挖掘用户的价值，而不仅仅停留在一次转化上。

毫无疑问，程序化购买为人们传播信息提供了一种更具效率的方式，无论是企业、政府、个人，均可以通过程序化购买更直接地、更大规模地与想对话的人进行沟通交流。下面我们来看一看，政府宣传理念是如何随着互联网技术的发展发生变化，并应如何利用新兴的互联网技术进行宣传。

程序化传播与舆论格局的变化和挑战

新闻媒体工作与互联网技术应用

党的十八大以来，以习近平同志为核心的党中央高度重视党的新闻舆论工作，曾多次对新闻舆论工作作出重要部署。

习近平强调，做好党的新闻舆论工作，事关旗帜和道路，事关贯彻落实党的理论和路线方针政策，事关顺利推进党和国家各项事业，事关全党全国各族人民凝聚力和向心力，事关党和国家前途命运。党的新闻舆论工作是党的一项重要工作，是治国理政、定国安邦的大事，要适应国内外形势发展，从党的工作全局出发把握定位，坚持党的领导，坚持正确政治方向，坚持以人民为中心的工作导向，尊重新闻传播规律，创新方法手段，切实提高党的新闻舆论传播力、引导力、影响力、公信力。

2015 年 12 月 25 日，习近平视察解放军报社时指出当下的媒体格局、舆论生态、受众对象、传播技术都在发生深刻变化，特别是互联网正在媒体领域催发一场前所未有的变革。读者在哪里，受众在哪里，宣传报道的触角就要伸向哪里，宣传思想工作的着力点和落脚点就要放在哪里。可以看到，我国政府在新闻舆论、宣传工作方面，正在积极适应互联网技术所带来的新变化，如何借助互联

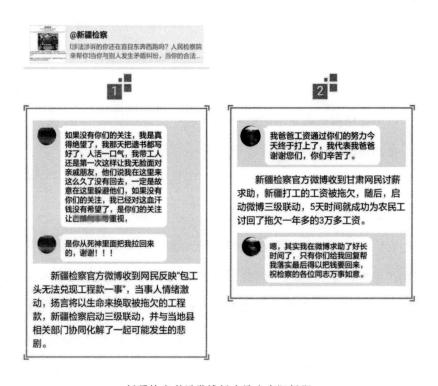

新疆检察利用微博解决民众实际问题

网技术，增强其针对性和实效性，适应目前的传播趋势，借助新技术的传播优势？我们就以下方面进行进一步的分析和学习。

2014 年 2 月 27 日，习近平主持召开中央网络安全和信息化领导小组第一次会议时提出，网上舆论宣传工作，要善于运用网络传播规律，把握好网上舆论引导的时、度、效，使网络空间清朗起来。2016 年 2 月 19 日，在北京主持召开党的新闻舆论工作座谈会上提到要善于运用媒体宣讲政策主张、了解社情民意、发现矛盾问题、引导社会情绪、动员人民群众、推动实际工作。要把握好引导网上舆论的时、度、效，首先就要抓紧"时"这一项。通过网络大数据，善用舆情分析功能，能够及时发现民主关注的热点，尽早发现舆论中的焦点话题，有助于及时进行反馈、尽快进行跟进。更能提早准备一些应急预案，利用分析，找到最合适的时机进行舆论引导。要了解社情民意，也可以通过网络舆情中所涉及的民生问题来进行洞察，找到问题的关键点，若有矛盾现象、问题反馈等，有关部门应及时进行反馈和处理，特别是在互联网上进行公开的回复、回应，一方面有助于解决民众的问题，引导舆论情绪，另一方面也能够树立政府相关部门的形象，推动实际工作的展开。

近年来，不少政务微博被开通，利用微博这样的新媒体传播形式开展工作。我们来看其中广受好评的一例。新疆检察不只在网络上及时回复网友们提出的相关问题，并且真正实际落实到线下的各个负责部门，协助当事人进行各种事务的处理。例如，处理包工头无法兑现工程款的问题，通过与当地县部门的协同，缓解了当事人的激动情绪，挽救了一个生命。网民反映父亲因正当防卫引起了经济纠纷，该微博账号要求当地检察院给予法律上的帮助，获得了网友好评，在反应时间上，也经常得到网友的夸赞。

2015 年 12 月 25 日，习近平视察解放军报社时指出，要顺应互联网发展大势，勇于创新、勇于变革，利用互联网特点和优势，推进理念、内容、手段、体制机制等全方位创新。我们试以几个微博应用情境来说明如何利用互联网的优势，进行政府服务、新闻发布和舆论引导。

当洪水、地震、暴雨等自然灾害来袭，政务微博往往具备着地方政府的"互联网新闻发布会"的功能，扮演着地方政府的"发言人"的角色。因互联网内容比传统的传播方式更具有时效性，可以利用政务微博进行权威的新闻发布，例如自然灾害带来的列车或航班延误、道路坍塌、路段堵塞等与民众息息相关的问题。此时应及时发布相关的新闻信息，使民众准确地了解到事实情况。2016 年，我国多地遭遇暴雨气象，@ 南京发布 7 月 4 日 11：09 发布的启动防汛 I 级红色应急响应通知，及降雨量、超警戒准确数据，得到了转发 433 条，评论 149 条。@ 武汉气象 7 月 6 日发布的暴雨红色预警信号，也赢得了转发数 200 条，评论数 74 条。灾难来袭往往会引发民众的恐惧和不安，此时应当安抚民众情绪，对于不实不当的信息及时指出并进行辟谣，避免混淆大众视听，造成社会危害，引导正确的舆论信息。在灾难之中，及时发布当地一手的救助、救援现场情况，一方面能够让网民了解当地情形，另一方面也能够真实有效地传递灾难面前人们互帮互助、军民一心的场景，传递正能量。@ 武汉消防于 7 月 6 日 11：55 发布有消防官兵将刚出生的婴儿转移到安全地带的微博，感动了许多网友，获得转发 986 条，评论 1 116 条，并赢得了 4 800 多的网民点赞。类似的例子还有很多。

将商业资源应用到舆论引导的过程中，也是非常有用的。例如，利用微博话题进行聚焦，集中力量报道和推荐，扩大影响力。

2015 年 8 月 12 日，发生的天津爆炸事件在微博上形成了 # 天津爆炸 # 话题，至 2016 年一周年时，网友们仍能够通过该话题进行讨论。至 2016 年 12 月 25 日，该话题已经有 3.3 亿阅读，超过 64.4 万讨论。

天津爆炸 # 微博话题

除此之外，还可以利用相关的商业资源，如"粉丝头条""热门微博""微博辟谣""粉丝通"等各种微博推广工具，加大传播力度、扩大声量。正如前文所述，哪里有受众，我们的宣传就应该接触到哪去，要接触到受众，就应该应用到前述的程序化购买方式，大规模地针对不同受众做差异化的沟通，提升传播的效果。此外，还可以利用小视频、直播等新形式进行报道，吸引人群关注。

多样化的传播媒介：传统媒体与数字媒体的价值

传统媒体式微意味着传统媒体不再有价值了吗？我们先看一组数据，2016 年除夕当晚支付宝咻一咻人数达到 1.63 亿；莫斯利安酸奶在里约奥运会女排比赛期间日均销量较平时增长 41.7%；冠名《加油向未来》期间，东风乘用车销量大增 115%；长安汽车连续两届冠名《出彩中国人》，自主品牌汽车销售 138 万辆，同比增长 20%。即便传统媒体受到了互联网带来的冲击，但仍能从各种品牌的推广中看到传统媒体发挥的作用，特别是大品牌或高消费的产品，在传统媒体上的声量影响力犹在。在全民关注的热点事件期间，传统媒体也有着不俗的表现。央视里约奥运会广告销售额相比四年前的伦敦奥运会逆势增长 30%。中国女排决赛期间，更创造了单场赛事最高销售额增长 980% 的业绩。

如何理解和认识传统媒体的滑坡？我们在此强调，传统媒体虽然正在经历滑坡，但还是有一定规模的受众，有市场的存在，就仍然需要营销、传播帮助政府、企业进行沟通。再加上我国人口规模基数大，区域不平衡较为明显，传统媒体衰落所持续的时间会比其他国家或地区持续的时间更长。与此同时，传统媒体也在根据自身特点、利用互联网，不断进行自身的调整和转型，形成与新兴媒体之间的互补，不断发挥自身的优势。因此，并不是说传统媒体不再有营销价值，挖掘并利用互联网时代下传统媒体所具备的特殊价值，仍然是我们要面临的问题。

根据群邑智库发布的《2016上半年中国媒介市场概览》，我国电视媒体日到达在2016年上半年处于全面企稳状态。在15—45岁人群中，二三四线城市约为70%，一线城市达到85%。按照代际来看，各代际电视日到达率也基本趋于稳定，随着年龄的递增，到达率递增。最低为64%，最高到达90%，处在一个较高水平上。

我国的电视媒体特别是央视这样的中央媒体，具备权威性，在其上进行的传播有信誉背书，令人信服。2016年上半年，药品品类为代表领衔我国电视广告投放，药品这类涉及安全健康问题的产品，选择电视媒体进行背书，就能够看到电视媒体在权威性和信誉性的优势。除硬广外，植入广告的投放方式也在进一步发展之中，食品、饮料、化妆品是植入广告的前三大品类。

从效果上来看，电视广告也并不差，能够兼顾社会责任与创收。2016年"国家品牌计划"为当年的央视广告招商带来了新鲜的血液，该计划从公益和商业两方面入手，取得初步成效。2016年8月，由中央电视台、中共贵州省委宣传部共同主办，多彩贵州网承办，贵州省商务厅、省扶贫办、省经信委、省农委协办的中央电视台"广告精准扶贫"项目正式启动。"多彩贵州·精品黔货"的首发产品贵州猕猴桃的公益扶贫广告于 2016 年 9 月 1 日起在中央电视台综合、财经、中文国际频道、军事·农业等多个频道播出，其播放频率为每天 16 次，播放期间共维持一个月。通过央视广告扫二维码达成的线上销售的贵州猕猴桃同比增长 1 000% 多，线上线下销售额达 3 亿余元。

另外，电视媒介也在应用新的技术，涌现出了很多"新"的电视形式。智能电视、互联网盒子等近两年来发展迅猛，增速 40%。年轻群体虽然到达率较低，但他们更偏好于互联网电视或机顶盒等

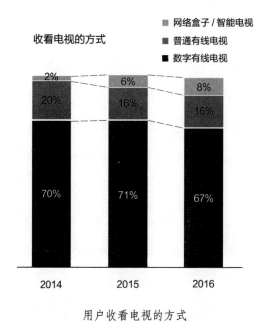

用户收看电视的方式

新电视形态，更有多数人群在大屏观看时，直接使用手机，为多屏互动提供了可能。

传统媒体自身也在不断谋求转型。我们共同看一看湖南卫视在转型过程中的做法。自2004年起湖南卫视就确定了"快乐中国"的定位，面对新媒体的冲击，它利用版权内容不断吸引受众观看。《快乐大本营》《天天向上》《我是歌手》《爸爸去哪儿》都获得了高收视率和高讨论度。此外，利用自制剧，如《一起去看流星雨》《宫》系列吸引受众群。此外，将新媒体作为版权内容的分发渠道的同时，于2014年4月正式推出芒果TV，启动台网融合战略计划，以"芒果独播"的方式充分发挥版权的最大价值。2015年5月湖南卫视宣布今后不再和其他新媒体合作，打造自己的视频品牌，并在2016年宣布进军硬件领域。湖南卫视的例子很好地向我们说明，传统媒体要思"变"，有很大的优势能够获得成功。

我们再来看户外广告，互联网成为户外广告投放的主力军。有近两成的消费者在户外使用手机参与过互动。使用手机参与互动最常见的媒体渠道，第一就是公众场所媒体。可见，户外广告除了增强曝光的效果外，还能够采用创意方式，吸引用户互动，增强用户的参与感，提升广告的实际效果。

广播渠道因其较为固定的使用场景和收听习惯，如开车、跑步时收听等，受到的冲击没有报纸杂志猛烈，各品类广告主在广播渠道上的广告投放比较稳定。虽然报纸、杂志等渠道目前下跌速度猛

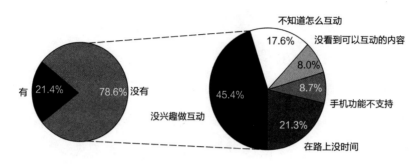

用户在户外使用手机参与互动情况

资料来源：群邑智库

烈，但是我们还应该看到，传统媒体也在应用新技术进行转型的过程中，还有其自身的受众群体，从用户的接触情景上来看，电视、户外等传统的传播媒介仍然散布在用户生活的各个场景之中，且这些场景之间有差异。用户使用互联网特别是移动互联网的行为则伴随在整个生活场景过程中，与接触传统媒体并不冲突。能否持续为用户提供有价值的信息，为社会创造价值是传统媒体、新兴媒体共同面对的问题，在这个层面上来讲，区分传统和新型的意义也就不大了，新媒体同样面临内容专业度、可靠度需要不断调整，与传统媒体的内容不断进行互动的过程。

在移动互联网上，用户的阅读碎片化趋势增加了，要利用短时间、短文字来吸引用户的注意力，这本来对内容的质量就有了更高的要求。用户需要的是优质的内容和讯息，而传统媒体在从业人员的专业性上胜过互联网平台上的"草根"，用户越来越注重内容的

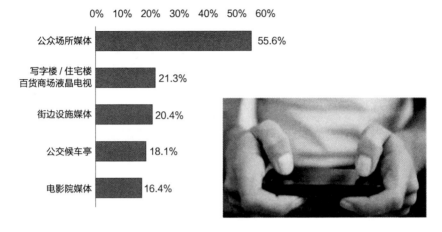

使用手机参与互动的媒体渠道

资料来源：群邑智库

质量，观察受到关注的优质自媒体人可以看到，很多人都有着传统媒体的从业经验。经财新传媒总编辑胡舒立在 2016 中国全媒体高峰论坛的发言中表示，传统媒体的核心价值"其实就在于我们的新闻生产方式。新媒体的编辑部主要由众多编辑组成，采取新闻稿聚合与编辑改写模式，当然也偶尔辅之以约稿或专题性采写。但是，财新传媒的编辑部主要由新闻记者和编辑组成，一线采访的专业记者远远多于编辑，而且，我们的编辑也具备记者能力。编辑和记者在某种意义上都是记者，英文所说的 journalists。另外，编辑部与经营部之间设有防火墙，确保新闻报道的独立、客观、公正。由这一切，构成了对读者的承诺"。她表示，机器人写稿、数据可视化、UGC 分发，以及对已有新闻素材的聚合、编辑和再分发……这些新媒体的手段仍然在丰富新闻内容，提升表现力和传播效率，从而为市场所认可。但是，传统价值越来越居于核心地位，一线采访、一线记者越来越受到重视。我们还能从用户的付费习惯和趋势上看到其对优质内容质量的重视，以《金融时报》为例，尽管其广告占比由 80% 下降到 50%，但是其付费用户数越来越多了，也是其在互联网时代还能够持续运营的原因，相同的还有《纽约时报》《经济学人》等优质媒体，他们都能够在当今这个时代依然屹立不倒。此外，财经类的传统媒体也在发展利用数据所做的服务业务，我们从中可以看到传统媒体在垂直细分市场仍有较大的发展空间。

我们还能从媒介 360 对从业者的访谈中，看到媒介内部的人员、品牌广告主等各角度的观点，大家逐步回归理性，认识到传统媒体仍然有其特定的价值。某日化巨头媒介投放负责人表示，从 2016 年各家在湖南卫视招标会现场的抄底行为，就能看出整个市场已经回归理性，冠名费用也开始趋于稳定。某汽车品牌媒介负责人也提醒道，新的并不一定都是好的，传统的也不一定都是明日黄花。不是说新媒体火了就追捧新媒体，电视衰败了就忽视电视。

在访谈摘录中，我们看到，某一线卫视频道总监指出电视台目前存在的一个问题，是用户数据留不住，传统产业结束、大数据时代到来，移动互联网重塑了新的传播模式的同时，在推动着产业模式不断进行转型。随着电视媒介形态的逐步升级，新型互联网电视也将能够积累用户数据，利用大数据提供用户喜欢的内容、帮助政府或企业进行传播。根据悠易互通联合知萌咨询机构共同深入研究完成的《2016 互联网电视程序化购买趋势报告》，互联网电视行业发展增速迅猛。2015 年，我国国内智能电视销售量已经超 4 055 万台，OTT 盒子市场零售量 1 213 万台，互联网电视用户激活率高达70%。2015 年整个互联网电视行业用户实现 100%的增长，互联网电视用户收看时段从"黄金时段"向全天各个时段扩散，聚集客厅观看互联网电视的时长不断增加，原来被 PC、移动端抢夺的时间重新回归客厅。

电视媒体的程序化购买时代也已经开启。悠易互通与爱奇艺、腾讯视频在互联网电视端的资源对接，将与 PC、移动端视频资源进行整合，两者相互补充。据悠易互通后台数据显示，互联网电视端与视频网站受众重合率在 38%—48%之间。数据之间的打通，也为传统媒体进行程序化购买传播奠定了良好的基础。多屏联动也

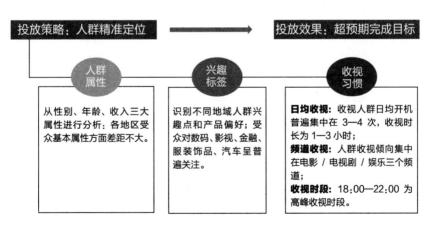

施华洛世奇智能电视投放案例

资料来源：2016 互联网电视程序化购买趋势报告，悠易互通联合知萌咨询机构

为传播提供了新的玩法思路，创意也能够更加丰富，将最大限度地立体覆盖目标受众。施华洛世奇智能电视投放案例能很好地向我们展现，目前智能电视打通多屏数据，实现精准投放。

在媒介360的采访中，某一线卫视广告部主任表示，电视在高介入度品类中，电视＋付费搜索的广告组合协同作用是最有效的，如医药、旅游行业。而在低介入度的行业，电视＋付费搜索组合的投资回报率更低，如食品、家庭生活用品等。笔者认为，不论是商业传播、还是新闻舆论宣传，都应该采用数字＋传统媒体的投放方式，利用不同媒介特性，传递信息给不同受众，而不应该拘泥于某一种形式，更多的还是要根据自身的传播需求、受众人群，人群在哪，就利用哪种他们习惯接触的媒介进行传播，才能够达到最好的效果。

意识形态宣传 & 传统、新兴媒体的融合发展

通过前文分析，我们已经看到，新技术的发展和运用，不断催生新的传播形态，利用传统和数字媒体共同进行传播，能使之充分互补，达到较好的传播效果。这一点，不论是企业进行营销传播，还是政府进行意识形态的宣传，所面临的技术环境是相同的，即传统媒体与新兴媒体的融合发展。以习近平同志为核心的党中央多次强调要加快传统媒体和新兴媒体融合发展，充分运用新技术新应用创新媒体传播方式，占领信息传播制高点。根据中央的要求和部署，近年来，中央和地方多个媒体都在积极探索传统媒体与新兴媒

体融合发展的道路，在报道中，注重各种形式报道之间的配合，同时利用各种媒体终端触达用户。扩大主流舆论的传播途径和覆盖范围，提高主流媒体的传播力、影响力和舆论引导能力，通过走融合发展之路焕发出新的活力。

2016 年 12 月 25 日，2016 全国党报网站高峰论坛举行。人民网总编辑、人民网研究院院长余清楚发布了由人民网研究院推出的《2016 中国媒体融合传播指数报告》，报告指出 2016 年，《人民日报》、中央人民广播电台、中央电视台等央媒走在了媒体融合的前列。人民日报社实现了用户的全方位覆盖、传播的全天候延伸和服务的多领域拓展。目前，《人民日报》法人微博聚集用户 7 200 多

人民日报媒体融合

万，被称为"中国第一媒体微博"；《人民日报》微信公众号快速发展，在微信平台各类公众号中影响力排名第一；《人民日报》客户端上线15个月，累计下载量已超过7 700万，用户总计已达3亿。人民日报除了随时随地向用户提供信息、接收用户的反馈，延展与用户接触的时长和频率外，还将提供政务和生活服务作为亮点，实现多领域的拓展。

我们再以浙报传媒集团的转型和改革作为媒介融合的范例，进行说明。浙报传媒集团董事长高海浩认为媒体传播的本质是服务，浙报要建设以新闻资讯为核心的综合文化服务平台。建立"用户中心、开放分享"的传播理念，把服务用户作为评价标准。浙报的转型口号是"以新媒体为核心的全媒体战略"。首先通过外部扩张扩大浙报传媒自身的增量，引入互联网思维，刺激浙报内部转型，搭建资本平台、技术平台和用户平台。2001年，浙报提出"传媒控制资本，资本壮大传媒"的口号，通过资本运作打下自己的资本基础。通过传媒梦工场投资介入互联网创新的前端，例如投资虎嗅网和知微。引入人才，改变思维模式，鼓励交流和分享，再将研究的成果用于实践。例如，利用互联网思维，进行数据仓库试点，专门成立数据库业务部门，对经营部门的效果营销支撑，虽然是报业，但是做的是效果营销，给浙报带来了丰厚的毛利率。浙报将旗下35家媒体资源直接进行统筹安排，设立专门负责各个不同垂直板块广告的单元，以最大化地利用到所有媒体资源，同时不反对计量的交易方式。技术上，浙报已经拥有15人左右的资深数据库工程师的队伍。除了既有的大浙网和浙江在线两个用户平台，还通过资本运作收购边锋浩方，扩大用户群。浙报清楚地看到，数据的价值在于建立数据库和数据挖掘，深度理解用户。在上述动作下，浙报已经实现了较好的转型。互联网时代的传播逻辑和商业模式被打破了，浙报集团提出"新闻＋服务"的方式来应对这些变化，利用服务集聚用户，通过新闻传播价值，解决了传播逻辑的问题。此外，浙报通过新闻免费服务收费的方式解决其商业模式的问题，提出"本土化新闻，本地化服务"，要求在客户端、手机报、浙江在线方面主要是本地新闻，同时提供本地化、个人化的定制化服务，解决用户需求，创造价值。

媒体承载着意识形态宣传教育的巨大作用，媒介融合为媒体发展指出了一条道路。但是目前，我国媒介融合在实际的推动过程中，还面临着很大的困境，很多传统媒体的转型中还是直接在新媒体渠道复制传统媒体的内容，而并未触及整个作业方式、组织形式的改变上，因此传统媒体的信息仍然未能在新媒体上呈现出欣欣向荣的态势，与此同时，新媒体内容鱼龙混杂，很多信息质量低下、不实。新的传播技术不断涌现，但传统媒体的从业人员并不能利用新技术帮助自身快速转型，推出APP、开通微博，虽然做了很多工作，但是真正应用互联网思维，做到切实从民众的角度出发，解决他们的需求，而很多停留在表面功夫上。因此，无法达到有效的意识形态宣传效果。

　　此外，在注重媒体融合转型的同时，不容忽视的还有媒体人的健康问题。媒体人生命的去留不但加重了媒体人自身的焦虑，也从客观上打击了谋求融合、期待转型的传统媒体。根据微博博主@西蒙周的统计，2016 年 4 月 26 日，知名调查记者尹鸿伟病逝，年仅 43 岁。5 月 4 日，《解放军报》主任编辑马越舟病逝，年仅 45 岁。同年 6 月，《春城晚报》总编辑杜少凌、天涯社区副主编金波先后离世。密集离世的媒体人逐渐呈现出年轻化的态势，不得不令人反思媒体从业者的从业环境，根据不完全统计，2016 年离世的媒体人至少 30 位，平均年龄 40 岁左右，副总编辑级别以上的多达 7 人，总编辑更是达到 3 人。总编辑的工作压力之大可想而知，我们也期待，在充分利用技术的基础之上，能够减去不必要的人力劳动，利用机器协助审稿校对等工作，提升工作效率，能够改善从业人员的工作环境。

　　媒体要做好宣传的工作，做好党的喉舌，需要认识到，党的宗旨是"为人民服务"，而互联网平等、开放、一切以用户为中心的思维，与党的宗旨在理念上是高度契合的。这为我们利用互联网的发展，开展宣传工作，打下了良好的理论基础。在此基础上，要做好意识形态的宣传，达到良好的效果，传统媒体还需要转换思路和作业方式，学习和借鉴已有的媒体转型过程中的思路，完成自己的转化，利用新兴媒体和技术手段，进行对受众的宣传和教育。不能仅将思路停留在内容的简单移植上，而是要通过对组织方式、作业方式的改革，融入互联网思维，利用新技术的发展优势，例如采用程序化购买等技术，进行新闻的分发，利用数据分析为读者进行个性化和定制化的内容推荐，帮助组织进行传播，引导正确的舆论导向。

第三章

共享经济：商业模式的新变革

1. 共享经济的概念和平台的崛起

早在 2006 年，美国《时代》周刊就将年度人物授予全球网民，《时代》周刊认为：社会正从机构向个人过渡，个人正在成为数字时代民主社会的公民，因此周刊将 2006 年的年度人物授予互联网上"内容的所有使用者和创造者"。没想到的是，互联网经过若干年的发展，其承载的内容已经不仅仅是虚拟的内容，其线上线下的联动，已经在实实在在地影响着人们的日常生活和社会经济活动，迅速地把现实社会和虚拟社会编织成一张大网。

在这个变化过程中，近年来兴起的共享经济是其中的代表。共享平台的兴起为打通线上线下，融合虚拟与现实发挥着越来越大的作用。一般来说，共享经济是指利用互联网技术与平台把海量的分散化的闲置资源共享出来，满足多样化的市场需求的经济活动。

如下图所示，共享经济首先要以互联网平台为基础，而非过去简单的人与人之间在线下的分享活动，而是在互联网平台上形成了规模化的交易。在此平台上，有供给方与需求方的存在，需求方向供给方发出，通过互联网共享平台的配置得到供给方的满足。在该图中，之所以从需求方指向供给方是强调对需求端的首发意义，整个互联网经济的特性也建立于此，也就是说，先从需求出发，再谈供给侧的问题。此外，在共享平台上，供给方与需求方的角色不是固定的，由于互联网平台上的共享经济具有小量多次的特征，每个人都既可以是供给方也可以是需求方，双方的角色可以根据需求随

共享经济平台图示

时调整转化。目前来看，能够共享的内容主要有物品（如汽车、房子等）、服务（餐饮、教育等）、技能（语言、维修等），随着分享经济的发展与扩散，未来可以共享的内容会超出想象。

具体来看，共享经济的发生与发展，首先是互联网信息技术。互联网革命带来了新兴经济样态——共享经济的基础是技术的发展。伴随着互联网、移动互联网、宽带技术、云计算、大数据、物联网、移动支付、LBS（基于未知的服务）等科学技术和创新运用的快速发展，分享经济的基础也会越来越稳定，在发展过程中遇到的问题也会随着技术的创新而被突破。

其次，市场条件具备。共享经济的基本内容是供需双方的交易，也就是说共享经济成立的前提是市场中有多样化的海量的需求，而在供给方确实有足够的闲置资源可以进行分享。目前，整个市场中资源短缺与资源大量闲置浪费是并存的，而共享经济作为一种新的互联网逻辑或机制有效地整合了这种需求与供给，实现了供需的快速匹配，同时降低了过去满足多样化需求的高成本，使得这一市场行为可以规模化地发生。

目前，共享经济正处于快速发展时期，虽然在市场培育、政府政策等方面还存有各种各样的原因，但是由于市场机会多、整个蛋糕足够大，不同领域的共享经济企业正在迅速崛起，根据国家信息中心信息化研究部和中国互联网协会分享经济工作委员会的研究，共享经济已经在各个层面开始生根发芽，如下图所示，从用户需求

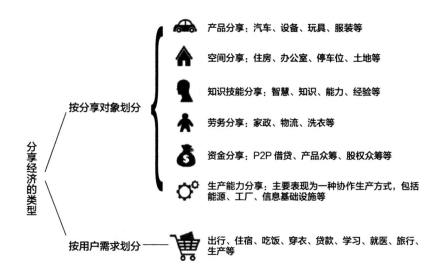

产品分享：汽车、设备、玩具、服装等

空间分享：住房、办公室、停车位、土地等

知识技能分享：智慧、知识、能力、经验等

劳务分享：家政、物流、洗衣等

资金分享：P2P借贷、产品众筹、股权众筹等

生产能力分享：主要表现为一种协作生产方式，包括能源、工厂、信息基础设施等

按分享对象划分

出行、住宿、吃饭、穿衣、贷款、学习、就医、旅行、生产等

按用户需求划分

分享经济的类型

共享经济的类型

角度看，出行、住宿、吃饭、穿衣、学习、贷款、就医、旅行等各个领域都出现了共享经济的身影，对应的供给侧也在产品、空间、知识技能、劳务、资金、生产能力等方面都有了相应的新创企业。

根据腾讯研究院的研究，国内的分享经济已经渗透进 10 大主流行业，超过 30 个子领域，正在迅速推进行业创新和经济结构调整，以平台互联网的逻辑重塑经济形态。如下图所示，除了我们熟悉的滴滴打车、人人车等大型企业，各个领域的创新创业正在尝试突破。

整体来看，共享经济的出现被整体看好，一大批共享经济企业在资本市场上风起云涌，估值超过 10 亿美金的"独角兽"企业正在不断增加。根据调研公司 **CB Insights** 的数据，截至 2016 年 2

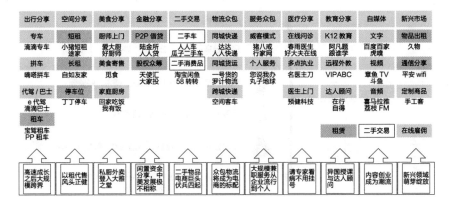

我国共享经济创业领域及企业分布（2016）

月 4 日，全球价值在 10 亿美元以上的私营公司有 151 家，其中有
分享汽车的滴滴出行、Uber、Lyft、Olacabs、BlablaCar 以及 Grab
Taxi，分享房屋的 Airbnb、途家网，分享网络存储空间的 Dropbox，
分享开源软件的 Github，分享邻里信息的 Nextdoor，分享办公空间
的 Wework，分享医生咨询和预约的挂号网，提供金融 P2P 服务的
Funding Circle、Social Finance，以及生活类服务的 Delivery Hero、
HelloFresh、饿了么、Instacart 等。

　　根据互联网数据中心（CB Insights）2015 年 3 月 2 日和 IT 桔
子 2015 年 12 月的统计，在全球估值最高的独角兽 TOP20 中，分
享经济企业占 7 家。如下图所示，Uber、Aierbnb、陆金所、滴滴
快的、Wework、Lyft 和 Olacabs 等 7 家名列榜单。

　　而根据 IT 桔子 2015 年的统计，我国分享经济独角兽企业已
经超过了 16 家，包括陆金所、滴滴、猪八戒网、挂号网、好大夫

全球独角兽 TOP20

独角兽	最新估值
Uber	510 亿美元
小米	460 亿美元
Airbnb	255 亿美元
Palantir Technologies	200 亿美元
新美大	180 亿美元
陆金所	180 亿美元
Snapchat	160 亿美元
Flipkart	150 亿美元
滴滴快的	150 亿美元
SpaceX	120 亿美元
Pinterest	110 亿美元
Dropbox	100 亿美元
Wework	100 亿美元
DJI Innovations	100 亿美元
Theranos	90 亿美元
Spotify	85.3 亿美元
Snapdeal	65 亿美元
Lyft	55 亿美元
Intarcia Therapeutics	55 亿美元
Olacabs	50 亿美元

共享经济企业占全球独角兽企业中的 7 家（2015）

在线、Uber 中国、神州专车、今日头条、途家网、沪江网、魔方公寓、VIPABC、达达配送、有利网、信而富、唱吧等，这些企业已经覆盖了出行、自媒体、专业 / 个人服务、医疗、短租长租、教育、物流、P2P 金融八大行业。

从互联网平台的角度看，共享经济的生产要素主要包括应用平台商业主体和数据资源。应用平台即互联网共享平台，提供基础的运营载体、技术支持、周边服务和政策机制设置与管理；商业主体作为微力量是平台上的主要活动方，他们既是供给方也是需求方，海量化的用户是商业主体的基础；而这一切得以流畅运作的基础是数据资源，在以数据为基础的技术分析、平台创新、机制调整、用户活跃等方面，都是以此为基础，进行淘汰机制设置、动态定价、信用评级、奖惩、决策等政策内容的设置与执行。

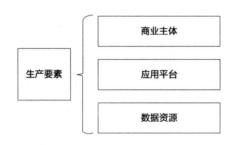

共享经济中的生产要素

具体而言，分享经济的动力和组成可以分为以下几个部分理解：

首先，基础设施。正是有了互联网平台才有了智能终端的普及、共享经济体的出现，这使得通过平台对供给方与需求方进行了连接，打造了新的商业主体，平台方不直接提供产品、服务或技能，而是通过把商业主体连接起来，提供基础、即时、便捷、高效的技术支持、信息服务、信用保障等，把所有参与者连接起来。大数据和云计算等基础设施为实现这种平台化的互联网服务提供了基本能力，不断提高的网络建设和宽带建设为平台发展奠定了基础，随着用户终端，比如手机、电脑、可穿戴设备等的发展，在平台上可以做有效的连接，在连接的基础上和商业活动的持续发生下，数据资源越来越多，价值挖掘技术也不断创新，最终总体上得到大的发展。

其次，数据成为新的生产要素。人类社会随着互联网平台的发展步入大数据时代，数据除了驱动整体的变革之外，通过数据产品化的开发，比如精准营销、客户服务等数据产品，更是为新价值的挖掘提供了源源不断的能源基础。这加大了社会的积累和交换的频率，调高了生产效率和创新能力，产生了新的社会财富。而这也得益于云计算能力和数据分析技术的发展。数据只有在流动和分享中才能真正获得其真正的价值。正是有了这样的数据基础，在现实世界中的闲置资源和浪费情况才能够在互联网平台上实现有效的共享和价值再创造，空闲的车座、房间、设备、时间、资金等海量的分散资源通过数据基础的匹配，形成有效的网络效应，发挥平台的生态价值，实现供给和需求的双向收益。

最后，大众性参与。海量的供给方和需求方是共享经济发生的前提条件，只要普通个体拥有一定的闲置资源或一技之长，都可以通过互联网分享平台进行资源的置换与交易。在交易行为的广泛性参与中，参与者既可以是生产者也可以是消费者，双方互惠互利，随时发生大量的交易行为，把商业的门槛极大放低。交易成本的降低、快速、便捷、多样的方式，满足了个性化的需求，而用户及时、公开、透明的反馈对其他消费者的选择有所影响，促进了整个平台生态的良性发展，不断提升用户的体验。在大众性参与的过程中，一个显著的特点是，用户对所有权的放弃，对使用权的看重，过去使用权和所有权是不可分割的，但现在通过让渡使用权获得收益成为共享经济的前提，这种分享文化的形成，对人们的社会化交往和自我实现都产生了新的冲击，正在塑造新的社会理念和发展意识。这种经济与文化上的变化反过来又深刻地影响了大众的日常工作与生活，过去强调价值链上下游的分工，现在强调网络化的交互与协同，过去强调内部研发和技术创新，现在看重众包和大众的力量，过去讲究在一个领域内深耕细作，现在看重从需求出发的跨界组合与创新。企业的边界、组织生产方式、雇佣关系等都在随之发生变化。比如众包，作为一种新的合作理念，通过平台把任务众包出去，企业不仅减少了开支，接包的个人也获得了灵活的工作机会。通过互联网共享平台，商业创新已经跨越了传统的思维框架，开始了跨行业的整合。大规模协作的共享生活一旦走向主流，它对原有的生产组织体系、企业边界和经济形态都会是一个巨大的冲击。而这一切发生的逻辑基础是互联网共享网络平台及其微力量的海量崛起与创新。

互联网共享平台的出现是一个整合资源、优化传统商业逻辑的过程。共享的核心在于对个人闲置资源的共享，在长期来看，这种新的经济交易行为并不会过多地被现有规章制度辖制，因为规章制度要适应经济社会现实的发展，而不是相反。新的共享经济现象对供给方、需求方和平台方乃至社会都是一件积极的商业模式。

对平台方来说，在去中介化的共享平台上，通过提供基础的平台，可以有效地做到以下两点：1）整合社会资源。共享平台通过平台把闲置资源进行整合，进而通过 GPS 定位、算法、数据等将需求方和供给方进行有效的匹配，即时满足客户需求。未来通过将线下更多的资源进行整合，把线下零散的服务聚合到平台上，平台将成为未来服务经济的重要出口。2）降低交易成本，提高经济效率。在传统经济结构中，任何持续性地对成本结构和利润结构调整的模式创新或技术创新都会通过各种机制传导到整个经济运作的环节中，进而重塑经济发展的逻辑。共享经济即是如此，通过互联网平台的数据和算法，有效地匹配需求与供给，极大地提高了交易效率，节约了金钱成本、时间成本等。

对于需求方而言，较之传统时代，主要在两个方面得到了实惠。首先是可以低成本地满足需求，由于互联网平台的机制，供给方的成本大幅下降，必定将多出来的利益与需求方分摊，进而吸引需求方选择新的经济行为，不断蚕食传统的市场。以互联网约车为例，在北京，非高峰时间 10 公里路程一般需要 40 分钟，其中，起步价 13 元（3 公里以内），里程价格是每公里 2.3 元（3 公里外），时间价格是 2.3 元每 5 分钟（等待或低速），总共花费 33.7 元。而如果使用滴滴快车，成本结构则完全不同，滴滴快车的起步价为 0（但有最低消费 10 元），里程价格是 1.5 元每公里，等待或低速时间的价格是 0.25 元每分钟，10 公里路程则需要 25 元。乘客使用网约车则比出租车价格系统少付 8.7 元。第二，满足多样化的需求。过去由于没有互联网平台的降低成本、数据积累等技术突破，海量的小件商品或服务没有市场，海量的个性化需求没有满足的渠道，而通过互联网共享平台，这一切就可以得到满足。比如 Airbnb 是房租共享而平台，在平台开放和壮大的过程中，平台上的房屋出租者为了在众多的供给方中脱颖而出，往往会在房屋的布置、装潢、本地化、独特体验、人情风俗上下功夫，提供个性化的产品。

对供给方而言，通过共享平台提供的公共资源和基础服务，他们在某种程度上都是创业者，正在催生新的经济增长点。首先，任何人在互联网共享平台上都可以成为供给方，通过把自己闲置的物品、服务能力共享出来，获取收益，进行变化，为市场增加了供给量的同时，对闲置物品进行了变化，增加了自己的财富。其次，成本更低。过去供给方往往要寄生在某些组织或公司，通过各种层次的中间商向顾客提供产品或服务，而在共享平台上，这些中介全部被去除，供给方直接给需求方提供产品，大大降低了中间成本。再次，海量的用户。在共享平台上，海量的需求方都是任一供给方的客户，只要供给方的产品或服务足够优质或者能够满足一部分人的需求，那么，这些人就是客户，而且这些客户会主动地搜索供给方的信息和产品并主动提出交易的请求，这不同于传统时代获取客户的成本过高，还需要有专门的工作人员、销售人员。最后，可以树立个人品牌，进行长远经营。如上文所述，供给方在共享平台上已经是一个独立的商业主体，不再是受雇于某个机构或企业的员工，通过在互联网共享平台上的悉心经营，可以有效地建立起自己的品牌，个人的价值通过品牌效应会进一步放大。在这种新的商业逻辑中，供给方的能力、才华、付出都得到了深度而公平的挖掘和放大，通过优质、个性化的服务，获得比以往更大的成就感、财富和知名度，形成一种正向的财富循环。这是互联网平台上微力量崛起的重要逻辑。

总的来讲，互联网共享经济平台正在形成新的商业模式，以大平台为基础，以商业主体为内容，以机制为线索，编织起一张巨大的交易网络，最终形成有效的生态结构。以著名的短租平台途家为例，首先，以游客的需求为中心，游客在在线旅游网站上在线预订房间，旅游网站对游客的数据进行提炼分析，与途家共享，个人业主通过途家共享平台把房租信息共享在平台上供游客浏览预定，这样一个基本的商业链条形成。其中，途家平台和个人业主之间也存在提供房源和房屋托管、保值增值的利益关系，而与在线旅游网站之间，通过流量合作和产品合作，共同为游客服务，提高了服务质量和产品种类，同时也为自身谋求了更多利润。放在更为广阔的视野中考察，可以看到，这种新的模式其实是激发了市场需求，把原先隐藏的市场需求通过这种机制进行了开发。如此，房地产开发商的库存被盘活，可以帮助其去中介化。途家与开发商再联合地方政府又形成了一个小型生态，通过市场经营和做大，政府也从中获得了收益，比如旅游创新、财政创收和地区发展等实惠。既然是一个大的平台，那么参与方和服务商必然是海量的，在另一端，服务运营商与行业协会一级途家又形成了另外一个小生态，这几方通过平台上的商业机会，不断进行商业实践创新，确立新经济形态的标准，确保行业整体的健康发展，为整个大生态的持续发展提供了基础。

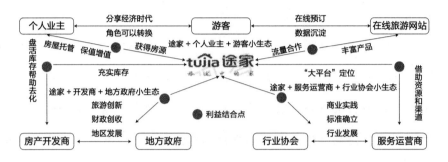

互联网共享平台构筑短租生态体系

资料来源：易观智库，《中国在线短租市场模式盘点报告 2015》

共享经济模式的出现其实对传统经济是一个优化和调整的过程。目前，房地产库存过高，销售困难，但是共享经济通过租赁获取收益，通过出让使用权而非使用权获取收益的商业模式正在提供新的解决路径。过去房地产开发商无法采取这种模式是因为没有合适的互联网平台的出现，也没有配套的服务和支持措施。未来，住宅市场、非住宅市场的库存可能在共享经济的浪潮中得到一部分缓解。

根据国家统计局的数据显示，截至 2015 年 12 月全国商品房待售面积增至 71 853 万平方米，按照我国人均住房面积 30 平方米计算，待售住房可供 2 390 万人口居住，相当于北京市常住人口总和。

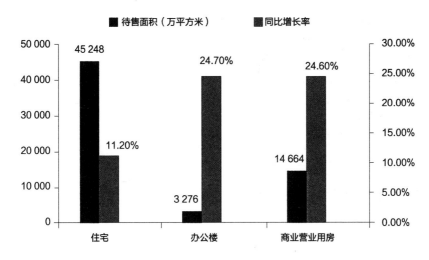

我国各类商品房待售面积

数据来源：国家统计局

目前，共享经济平台中，与房地产相关的业务中，主要有长租、短租、共享办公等共享经济模式。在长租公寓中，主要有集中式和分布式两种模式，其中分布式公寓例如蘑菇公寓，从个体房东获取房屋，进行包租运营。集中式公寓例如 you+，地产商万科推出的"万科驿"也是集中式租赁公寓。在短租平台中，主要是上文提到的途家和小猪短租，两家短租共享平台占据整个市场份额的50%，市场格局相对集中。在共享办公方面，主要以优客工场为代表，共享办公通过盘活非住宅市场的房地产库存，促进双创，打造立体化的创业孵化器，不仅从房屋租赁中收益，而且可能从创业投资中获益。优客工场是万科前副总裁毛大庆于 2015 年在北京的创业项目，目前已经取得了红杉中国、真格基金等投资机构的支持，

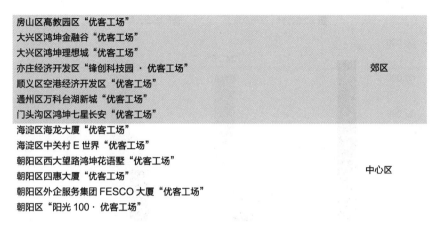

房山区高教园区"优客工场"	
大兴区鸿坤金融谷"优客工场"	
大兴区鸿坤理想城"优客工场"	
亦庄经济开发区"锋创科技园 · 优客工场"	郊区
顺义区空港经济开发区"优客工场"	
通州区万科台湖新城"优客工场"	
门头沟区鸿坤七星长安"优客工场"	
海淀区海龙大厦"优客工场"	
海淀区中关村 E 世界"优客工场"	
朝阳区西大望路鸿坤花语墅"优客工场"	
朝阳区四惠大厦"优客工场"	中心区
朝阳区外企服务集团 FESCO 大厦"优客工场"	
朝阳区"阳光 100 · 优客工场"	

优客工场项目（根据优客工场官网统计）

如下图，优客工场的办公场地共享方面已经生根发芽。

根据腾讯研究院的测算，共享经济在 2015 年的全球市场交易规模估测为 8 100 亿美元，其中中国共享经济规模约为 1 644 亿美元，占 GDP 的 1.59%；英国共享经济在 2013 年已占 GDP 的 1.3%，

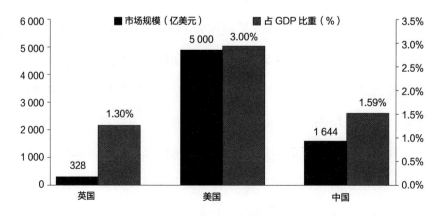

共享经济规模对比

数据来源：公开资料

为 328 亿美元，预测五年之内达到 GDP 的 15%；而美国共享经济，2014 年已经占到 GDP 的 13%。总的来看，共享经济对于整体经济的拉动作用还存在较大的发展空间，未来有可能成为各国经济增长的新动力。

2. 互联网出行服务共享平台解析

目前，在我国共享经济的大舞台上，交通出行的共享经济平台中滴滴出行是一个典型案例。滴滴出行官网上对自身平台的介绍是：滴滴出行是全球领先的一站式多元化出行平台。滴滴在中国 400 余座城市为近 3 亿用户提供出租车召车、专车、快车、顺风车、代驾、试驾、巴士和企业级等全面出行服务。多个第三方数据显示，滴滴拥有 87% 以上的中国专车市场份额、99% 以上的网约出租车市场份额。2015 年，滴滴平台共完成 14.3 亿个订单，成为全球仅次于淘宝的第二大在线交易平台。滴滴出行致力于以共享经济实践响应中国互联网创新战略，与不同社群及行业伙伴协作互补，运用大数据驱动的深度学习技术，解决中国的出行和环保挑战；提升用户体验，创造社会价值，建设高效、可持续的移动出行新生态。2015 年，滴滴入选达沃斯全球成长型公司。

互联网出行共享平台的兴起取决于多种技术、市场和政策因素的支持，其中既有整体互联网发展水平的提升，也有企业平台方的运营努力。

首先，共享出行得益于移动互联网和移动终端的普及。大约 2010 年，移动终端开始在全球范围内普及，根据美国市场研究机构 eMarketer 的数据，2016 年全球智能手机用户数量将超过 20 亿。eMarketer 预测，到 2018 年，全球三分之一的消费者将是智能手机用户，总数超过 25.6 亿人，2018 年智能手机用户指数是全球移动用户的一半以上。

从国内智能手机的发展来看，华为、联想、oppo、小米等手机厂商的发展也为我国智能终端的普及和移动互联网的发展做出了重要的贡献。正是移动互联网的出现为共享经济出行打下了基础，方便用户随时随地获取出行服务。

其次，移动支付工具的普及。在共享经济的各个环节中，第三方支付工具的普及与成熟也是一个重要基础，为共享经济平台的用户提供了极大的支付便利，实现了供给方和需求方的实时付款与收款，第三方的技术保障和信用保障系统为共享经济交易行为提供了基础。

第三，市场需求的规模巨大。由于传统的出租车市场无法充分、有效地满足既有的市场需求，乘客和车主都渴望改善用车环境和出行效率。在个人汽车保有量上升、城市道路建设不足、停车场等基础资源紧缺、节能减排要求压力倍增、城市严控私家车出行数量、限号出行、严控牌照等多管齐下的大环境下，出行条件和出行需求出现矛盾，形成大量的市场需求。同时，随着经济发展水平和消费升级，私家车的数量却在不断上涨。

据统计，2015 年我国汽车保有量就已经超过 1.72 亿辆，仅次于美国居于世界第二。其中私家车保有量 1.24 亿辆，汽车驾驶人超过 2.8 亿人。全国平均每百户家庭拥有 31 辆私家车，北京、成都、深圳等大城市每百户家庭拥有私家车超过 60 辆。

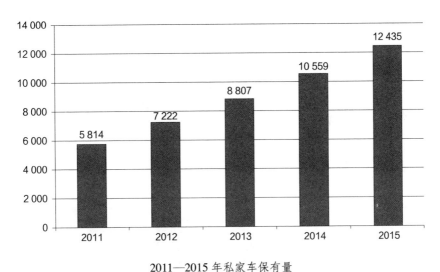

2011—2015 年私家车保有量

巨大的市场需求出现为共享经济出行打下了基础。这是滴滴出行、Uber 等互联网共享出行平台出现和崛起的重要市场条件。

第四，移动出行企业的创新与经营。在技术突破和市场发展的多重作用下，一大批移动出行领域的共享经济企业开始出现，他们通过持续的占率优化、经营策略的调整、大规模的市场营销推广和巨大的补贴策略等，不断拓展市场、做大市场蛋糕，同时还要与传统的经济势力进行谈判、合作、妥协，并根据现行的政策法规不断调整或反过来推动法律法规的调整，不断增强市场基础，进行市场创新。

第五，政策利好。总的来看，我国在经济政策调整的过程中，已经把互联网作为重要的经济发展动力之一进行产业政策的规划与制定。2015 年开始，不管是双创还是把互联网提升到国家政策层面的互联网＋都是对出行共享平台的利好消息。特别是《国务院关于积极推进互联网＋行动的指导意见》的提出，对互联网＋交通的持续发展意义重大。虽然在具体的法规政策的调整中，目前还有各种各样的阻碍和问题，但总的发展趋势是向好的。

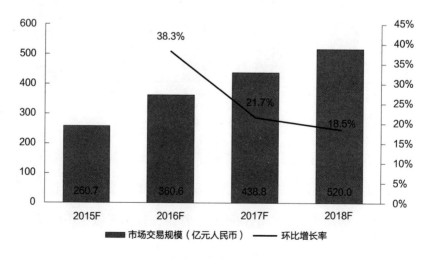

2015—2018 年中国专车市场交易规模预测

数据来源：易观智库，**www.analysys.cn**

　　总的来看，移动出行的共享经济市场越来越大，趋势不可阻挡。以专车为例，根据易观智库的预测，随着用户对专车认知度提升、市场技术升级和资本利好以及互联网企业对传统行业进行的"互联网 +"改革，中国专车市场规模将持续高速增长。预计到 2018 年，中国专车市场规模将增至 520 亿元人民币，并持续保持平稳增长。

　　下面，我们通过对移动出行共享平台的具体分析来看共享经济平台是如何不断突破传统经济模式无法解决的市场问题，并不断创造解决方案，生产社会效益和个人财富的。

　　一般来讲，机动车出行是我国城市交通的主要方式，目前面临的主要问题是运力不足和道路拥堵两大难题。

　　在城市规模不断扩大、城市人口急剧上涨的时期，打车难一直是城市交通没有解决的问题，特别是在城市偏远地区、早高峰时段、拥堵路段或是恶劣天气时期，情况会更加糟糕。根据滴滴研究院的研究成果，一线城市和二线城市的相关问题最为严重。如下图

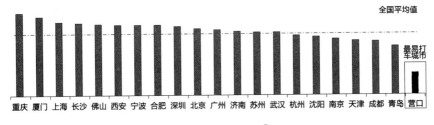

最难打车城市排名①

---

① 统计来自滴滴研究院，数据仅统计了滴滴出行平台年累计订单量大于 100 万的城市，打车难度 +1-（成功订单量 / 呼叫订单量）。

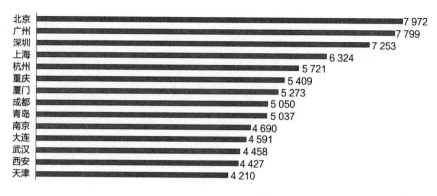

交通拥堵损失排行①

所示，重庆、厦门、上海等城市位居前列。

而道路拥堵问题同样不仅存在于一线大城市，二三线城市的出行也受道路拥挤影响，严重降低了居民的生活环境和生活质量。据滴滴大数据研究显示，北京每年因交通拥堵导致的人均成本超过 7 972 元，位居各城市榜首。根据数据测算，北京最拥堵的路段为西二环，上海为延安东路到延安东路隧道，重庆为红黄路，广州为工业大道南，深圳为红岭中路等。

通过共享经济平台的提出，这些问题正在得到有效的解决。一方面，通过互联网信息技术可以有效地匹配乘客和司机，提高了效率，有效提升了交通运力；另一方面，通过共享平台把闲置的运力有效整合利用起来，增加了社会运力，减少了浪费、拥堵等问题。

---

① 拥堵损失：各城市平均时薪 × 因拥堵造成的延时 × 人均全年通勤次数（按每月 22 个工作日，每个工作日早晚高峰通勤一次，每次通勤平均时间为 1 小时计算）。

首先，移动互联网出行 APP 通过对传统交通资源的效率提升，弥补了交通资源覆盖区域不足、运力浪费的情况。假设打车市场需求原来由 6.6 万辆出租车承担，现在由 6.6 万辆出租车和 9.5 万辆专车以及相当数量的拼车、租车共同承担，则专车使打车市场的运力提升 1.4（9.5 万辆 /6.6 万辆）倍。目前，专车已经成为出租车市场的有益补充。

当前各大城市面临的交通出行问题非常复杂，多年来只靠公共交通一直没有有效解决问题，而私家车的数量猛增带来的社会问题大于解决的私人出行问题的利益。应运而生的专车市场不仅将打车市场的运力提升了 1.4 倍，而且补充了公共交通系统 6% 的客流量运力。

对乘客和用户而言，通过大数据的高效匹配，与路边扬招轿车相比，滴滴约车的成功率也提高了近 30%。这种收益是双向的，同时，智能出行也有效降低了汽车空驶率，根据北京市交通发展研究中心的数据和滴滴研究院的研究，北京市出租车与智能出行平台全年空驶率对比，降低了 20%。如果北京地区全部出租车能达到智能出行车辆的空驶率，则相当于增加 13 400 辆出租车运力，每天多运送 39 万人次乘客，一年节省 1.17 亿升汽油，一年减少 317 万吨碳排放，相当于多种 2.64 亿棵树的生态补偿量。

而具有十分强烈的共享特征的拼车业务和顺风车业务[①]更进一步释放了社会运力，有效解决高峰期的出行难题，通过滴滴平台的大数据测算，拼车可以减少出行量63万辆次，顺风车减少出行量51.3万辆次，加起来共减少114.3万辆次。例如"快车拼车"服务的推出，让车主每小时的平均完成单量提升了20%，车辆空驶率大幅降低，车主的平均收入也因此提升30%以上，而"快车拼车"的"连环拼"功能，则让车主的收入再度提高了10%。在这样的机制下，私家车通过共享也取得了巨大的收益。

3. 共享经济的自我创业及其特征

在互联网共享型企业，比如滴滴打车、Airbnb租房等互联网平台的市场培育下，人们对共享经济的概念越来越熟悉，日常生活也在慢慢地发生变化，新的生活方式逐渐形成，正在造就新经济形态。其中，最为重要的是，每个用户都可以成为共享经济的供给方，在互联网平台的赋能作用下，个人、企业甚至政府都可以成为

---

① 顺风车模式指的是有搭乘需求的乘客提前在顺风车 APP 中发布自己的乘车需求（时间、起始点等），然后由附近的车主抢单。抢单成功后，乘客先行进行付费，并于车主约定接送时间和地点，搭乘完成后，车主与乘客互相进行评价。而拼车业务则是在专车模式的基础上，多个订单在相同行驶路线的情况下进行拼车，可以有效提升运力，降低乘客费用。

共享的主体，信息交换和物流更加便利，技术突破和资源约束被打破，也在重塑市场形态。未来，共享的范围不仅局限在物品或服务商，越来越多的内容都可以成为共享经济交易的对象。人们的观念也将不断更新，对使用权的重视成为主流，而物品的所有权不再重要，这将成为未来经济基础发生变化的重要维度。

在共享平台为主的互联网平台的发展过程中，生产、就业、消费、市场和分配都将发生巨大的根本变化。在生产方，碎片化的趋势越来越明显，个性化的生产与供给将会规模化地出现，微型企业主体的出现将是海量化的，中型和大型企业的数量在市场不断被侵蚀的过程中会逐渐减少。多样化的消费需求不仅体现在实际产品上，在投资理财、技能需求、服务业等方面也会持续增加。伴随着这个过程，市场的透明化和数据的增加，将不断把市场演化为时间、地域、场景等的数字化，互联网平台的功能越来越重要。伴随这个过程，就业上的个性也会突出，大量新型的劳动者和劳动岗位诞生，新的工作理念出现。同时，整体财富的增加和个人收入的上涨，将会使得分配越来越社会化，而不是集中在大型企业或政府政策的手中。

个人在分享经济中，通过非全职工作机会的获取，把自己自由支配的时间、知识、技能或资源进行市场化和产品化，成为专车司机、代驾、私厨、自由快递人、私人助理、私人顾问、自媒体人等新的职业身份。如果这种"副业"足够生存甚至成为一门生意，很多人的角色就会转化为小微型的企业主体，成为自我就业和创业的典范。2016 年 4 月 26 日，滴滴出行发布了《2015—2016 年移动出行就业促进报告》。根据《就业报告》，2016 年 3 月滴滴平台72.8％的专、快车司机在线时长平均每周 14 小时以下，这意味着多数司机是利用闲暇时间兼职，滴滴出行为他们提供了一个"赚外快"的机会，这呈现出典型的"分享经济"特征。

比如著名的共享经济平台猪八戒网，作为起步较早的服务众包平台，自 2006 年成立以来，一直聚焦于服务交易，服务涵盖品牌创意、产品／制造、软件开发、企业管理、企业营销、个人生活六大类别，共计 600 余种现代服务，为创业者提供一站式的企业全生命周期服务。猪八戒网的模式是典型的众包模式，企业把任务发送到猪八戒网上，并付出一定的佣金，猪八戒网上的海量专业用户根据自己的技能、知识和时间等资源，来解决企业提出的任务，并获取一定的酬金。此时，任何有兴趣和技能的人都可以通过这种众包服务成为猪八戒网的虚拟员工，打破了传统的"全员雇佣，场地办公"的模式，企业突破地域、行业、专业、时间等因素的限制，更加自由灵活地获取专业人才。而个体也在此共享平台上获得了收入，贡献了社会价值，整体上放大了整体的社会财富和活力。

长尾化的市场需求持续在互联网共享平台上爆发，共享平台为海量的个人服务者提供了就业机会，各类聚焦于细分领域的私人服务平台，使得拥有各种技能、兴趣和碎片化时间的劳动力资源得到了解放，使用户的专属个性化和便捷化的需求得到充分的满足。比如提供私人导游服务的丸子地球，把本地向导集中在平台上提供专业的本地化导游服务；河狸家则把手艺人，如美甲师、化妆师聚合在平台上提供随时的上门服务；E 袋洗则提供送衣物专业洗衣服务；陪爸妈则提供面向老年人的看护服务。放在更为宽广的视野看，各种体育主播、游戏主播、秀场主播、音乐主播等也是通过提供自己的特长、技能满足用户的需求，也属于共享经济的范畴，是内容方面的共享，一大批新兴的职业也就此诞生，而目前出现的直播乱象、违规行为只是阶段性的现象。

2016 年 7 月，滴滴出行发布了《移动出行支持重点去产能省份下岗再就业报告》。报告显示，去产能行业司机在滴滴平台上的就业呈现分享经济特征，有 85.4% 为兼职司机，也有 58% 的司机每天工作不足两小时，他们通过当滴滴司机补贴家用，防范失业风险。

据媒体报道，郭高峰是河南平顶山的一名普通煤矿工人，近几年煤炭行业的不景气，让他的收入大幅下降，每个月工资只有 2 000 多。郭高峰总想着每天下矿后干点什么，来补贴家用。2015年 12 月，滴滴在平顶山开通，一个月后，郭高峰成了一名滴滴司机。现在每天下午 5 点多，他就开车上路，每个月能赚到上千元的额外收入。"以前每天只和煤打交道，吃完早饭就得下去，井下的巷道里全是泥，穿的是雨鞋，和地上的路是不一样的。现在开着滴滴感觉很安全，又自由又体面，还能和不同的人打交道。滴滴公司要求保证车内环境，我抽烟也少了。"郭高峰说，如果之后叫滴滴的人多了，他就打算全职开滴滴。

滴滴出行共享平台的发展不仅为郭高峰这样有能力有眼光的人开辟了新的财富之路和就业之路，更重要的是为我国去产能大背景下的工人下岗再就业提供了新的平台和机会。

4. 共享经济的治理困境与思路变革

共享经济作为一种新的经济方式，在互联网时代的经济发展过程中正在扮演越来越重要的角色。共享经济的形成首先提升了需求侧的增量，促进了消费需求的增加，提振了经济发展的基础。共享经济通过降低交易的中介成本和降低物品的价格，提升了消费者的购买能力。而通过多样化的、适合的、即时的社会存量产品、创新的产品和服务，增加了新的消费增长点，对需求侧的影响至关重要，是供给侧改革的基础、保障和前提。其次，为了适应需求侧新的需求条件和改善供给侧的结构性问题，通过盘活剩余资源、提高生产资源的利用率，扩大了总的供应量，促进了居民收入增长和国民财富增加，同时，对传统企业的转型提供了源源不断的动力。基于共享平台的微力量大量崛起，无论是小企业还是由个人发起的新型个体经营体不仅解决了就业问题，而且也造就了新的供给侧形态，为供给侧的结构性改革提供了新的内容和保证。为我国产业升级和经济发展提供了新的空间。

新华社在《要弄明白供给侧改革，习近平这两次讲话必学》中指出："当前的问题主要是传统门类生产过剩。传统门类出现生产过剩不是因需求不足，或没有需求，而是需求变了。但供给的产品却没有变，质量、服务跟不上，已不能满足需求的变化。比如，我国一些行业和产业产能严重过剩，同时大量关键装备、核心技术、高端产品还依赖进口；有的农产品生产缺口很大，而有的农产品增产则超过了需求增长；一些有大量购买力支撑的消费需求在国内得不到有效供给，消费者将大把钞票花费在出境购物、'海淘'上。这种结构性问题单纯依靠刺激内需难以解决，必须改善供给结构，实现由低水平供需平衡向高水平供需平衡跃升，不断创造和引领新的需求。因此，推进供给侧改革是全面深化改革的决定性战役。"

需要指出的是，经济发展确实不能单纯从需求侧做文章，必须把着力点放在供给侧，但是供给侧的改革目标和改革路径如何设计，仍然需要供给侧与需求侧在互动、相辅相成中进行摸索、实践和创新。而共享经济的形态不仅为供给侧改革提供了新的内容，更提供了新的操作方式、理念方法和创新的启示。

沈阳机床集团通过创新和思路变革，生产了首台具有网络智能的数控系统 i5，因为这款智能数控系统具有工业化、信息化、网络化、智能化、集成化的基因成分，它们的英文字头恰是 5 个 "i"，所以被称为 i5。i5 于 2012 年 2 月研发成功上市。不到一年，沈阳机床签订了 30 多家智能工厂的合约，出资 5 亿元的广东省江门市甚至愿意让出资 5 000 万元的沈阳机床掌控智能工厂主导权。因为沈阳机床不是卖产品，而是提供一整套智能工厂的解决方案，包括设备工艺、人才培训等。合作企业认为沈阳机床不再是制造型企业，而是服务型企业。

为什么 i5 称为服务商？因为客户买的不是机床本身，而是机床创造的价值。所以，i5 可以"零元购机"，按使用时间、价值或按工件数量付费。一台中档 i5 机床售价十几万元，按每小时收费 10 元，每日 10 小时计，3 年可以回本。支撑 i5 远程管理的背后有一个庞大的"i5 云制造平台"。有了这个平台，机器与机器、人与机器都实现了互联。

通过沈阳机床集团的案例可以看到，他们通过技术创新，把产品进行智能化成产，通过共享的方式供给客户，从中收取的是服务的费用。厂家从中取得了新的盈利模式，而需求端则有了成本更低、效率更高的使用方式。完美地将中国制造 2025 的规划与供给侧改革以及互联网＋进行了有效的结合、拓展、实践和创新。

共享经济确实是互联网时代经济转型、产业升级的新思路和新方法。但是在发展过程中，特别是发展初期，其面临的问题和挑战，对传统消费观念、社会管理观念和现行产业政策甚至既得利益都会产生冲突，未来的路如何走出来并没有现成的经验可以借鉴，必须通过政府、企业、民众等社会各个阶层，在不断实践创新的过程中摸索、磨合、调整，最终才能极大地发挥这种新的技术运用和商业模式创新的最大价值。

比如，在共享经济发展的过程中，首先需要的是信用，也就是说，在个人对个人的交易过程中，必须通过平台把信用体系建立起来。经过若干年突飞猛进的市场经济发展，我国的信用体系还比较脆弱，民众因为原有的消费习惯是否愿意把自己的物品进行共享，对安全问题、产品保养问题的担忧都是不小的障碍。虽然经过近几年的市场培育，共享经济得到了较大的发展，但是共享性的消费习惯还需要更大的空间，才能创造更大的市场。否则过高的信用成本和难以突破的消费习惯天花板都将是这一市场和经济模式发展的障碍。著名的社交网站知乎上有一个帖子，问"做滴滴快车司机是一种怎样的体验？"有网友抱怨道："跑滴滴的时候大部分都是友善的客人，问题就是有一些不守规则的好吗！！！车上抽烟直接丢车内的地毯上，都要哭瞎了，然后还乱丢垃圾，我真是服了……基本一天下来整个人都不好了。两个钟一清车内的垃圾还有烟头，地毯还被烧了个洞……""国庆前期无聊，注册了一个 ES300H，一个 525 跑滴滴。主要想找人聊聊天……嗯。跑了两天，发现乘客莫名其妙地取消订单要记在司机头上，还被莫名其妙地投诉了一次。我是完全不知道是什么情况""新车无聊跑滴滴，基本上上车乘客都聊得不错，都会问问你开这车能赚钱吗之类的。但是就在我只跑了 20 单当中居然有一个一星！！人与人基本的信任呢，车上都聊得很开心怎么来个一星，我想申诉都没办法"等等。

虽然共享经济的创新在不同国家和地区一直在遭遇政府监管困境和社会问题承担，但总体上社会各界还是承认共享的经济和社会价值。比如，因为巴西里约热内卢官方可提供的酒店住宿房间无法满足奥运会期间的住宿订单需求，空中食宿（Airbnb）就成为2016年里约奥运会的合作方，官方订票页面有 Airbnb 的预订链接。民宿成为奥运举办方指定住房，这在历史上是头一次。这同样也在说明一件事：除了个性化体验带来的需求，目前未被满足的旅游住宿需求正是民宿短租最大的机会。

应该看到的是，共享经济出现的许多问题是与其固有的经营模式分不开的，也就是说，很多线下发生的问题并不是平台方经营的领域，一般而言，共享平台的经营属于轻模式，只负责线上的管理，对线下的管理和经营交由平台上的经营者或商业主体，线下的管理主要靠平台规则的约束和经营主体的自我管理与互相约束。这种逻辑既是共享平台获取价值的关键，也是容易出现社会问题的原因所在。作为共享经济的代表，Airbnb 是该业务模式的典型代表，但它的经营重点集中在线上，对线下的产品和服务几乎不做运营和管理。Airbnb 提供的服务和价值主要包括以下几个方面：

第一，搭建一个互联网共享平台，形成一个能够连接实名认证信息、社交网络信息和平台积累信用信息的信用评价和交易体系，通过各种类型数据的积累、汇集最终打造一个数据的闭环，让评分数据、社交数据、经营数据能够成为信用的基础，然后不断优化升级，成为平台持续经营和解决线上线下问题的关键。

第二，通过平台上的供给方和需求方的有效参与到交易过程中和平台的自运营过程中，不断生产出优质的内容，比如房东拍摄的精美的图片，让优质的房源在与用户需求匹配的过程中达到最优。平台上的讨论、评价也可以成为经营者和平台运营者之间进行沟通交流、不断解决问题、优化平台机制和政策、创新产品和服务内容的基础。在各方的持续参与和互动中解决问题、创新服务与产品。

第三，通过共享平台本身的社交联系，加强平台各方的黏性，调动供给方和需求方的积极性，增强平台的自我管理与维护。例如，Airbnb 有一个向所有出租房屋的商业主体开放的论坛，让他们在上面交流经验、体验和意见。

第四，建立一个人工客服和智能客服为组合具备高效学习能力的客服系统，持续改善平台经营过程中遇到的问题，比如支付问题、信息不清晰、信用不健全、不符合资质的经营者等。在运营的过程中不断对常见问题进行优化，逐渐形成标准、升级运营方略和不合适的平台政策机制，持续推进平台发展和共享经济整体的推进。

消费习惯和平台经营的问题会在市场发展的过程中逐渐解决和完善，不是问题的关键。目前最为重要的问题是，新的经济现象和现有的政策法规与产业政策的冲突，以及传统的经济模式和利益受到冲击后还无法快速适应调整导致的矛盾。

从上文分析可见，共享经济企业的准入机制往往远低于传统行业，滴滴出行的专车司机、出租车司机、网络租房领域的房东和酒店等微型企业和个体进入共享平台的经营后，往往不需要各种政府或法规规定的许可证，通过平台审核即可。这其中出现许多社会问题和经济问题后如何管理，平台方是商业力量，在很多情况下并不能有效关注到公共利益和社会利益。其次，在共享经济平台上新出现的企业经营形态和经营主体如何纳税，按何种税率纳税，目前还没有相对应的政策法规。

针对第一个问题，美国加州也有所行动，可供借鉴。加州公共事业委员会将网约车作为新的公司类型——"交通网络公司（TNC）"进行监管，由 TNC 购买运营牌照，而不是个体司机办理，平台进行司机背景的审查，在委员会的监督下进行不断的磨合探索。而伦敦政府则将网络预约出租车纳入既有的《约租车法案》进行监管，专车平台、司机、车辆三方都可以向政府申请准入许可，然后进行运营。

针对纳税问题，英国商务部提出了简易性税收计划的建议，借鉴英国税务海关总署和财政部的经验，设计共享经济税收指导，建立在线纳税计算器，帮助有纳税责任的用户计算其在共享经济工作中的应纳税额。2015 年前三个月美国波特兰、阿姆斯特丹、芝加哥、华盛顿等 7 个地区开始授权 Airbnb 向房主代收酒店税。我国估价平台上出租方将均由工商注册，按照住宿业来纳税，途家平台帮个体房东代缴后再将房租收入发放。

比如 2014 年底，全美立法将互联网家庭旅店业纳入管理，2015 年 2 月 1 日正式实施，通过立法给予了共享型家庭酒店业合法的发展空间。规范化的管理制度有利于行业的健康发展，也有利于商业创新和经济发展，所以，必须针对新的经济现象和问题进行深入研究和谨慎的监管，既不能因为与现行规定不符就一棍子打死，也不能因为问题复杂就采取一刀切的惰政思维。

总体上，政策导向趋于明朗，对行业发展的扶持整体向好。除了政府相关监管政策研究和制定之外，行业性的协会等社会组织也应该建立并履行相应的自我约束和管理。比如，美国的 Indiegogo 公司、RocketHub 公司和 Wefunder 公司三家自发联合成立了众筹业务监管协会，英国的 Zopa 公司、Funding Circle 公司和 RateSetter 公司发起成立了 P2P 网贷协会，这些自发成立的协会对加强行业自律、促进行业发展以及与政府监管部门沟通等方面发挥了重要作用，并架起了政策制定者与行业实践者之间的沟通桥梁。

除了针对共享经济新现象和新问题的法律法规缺乏和不兼容的问题之外，其中比较重要的问题是劳动用工问题。也就是说，在非组织化的企业中，也就是共享平台上的劳动雇佣关系到底是怎样的，如何规范这种关系，如何保障劳动者的权益和解决对现有的劳动法的冲突都是比较重要的关切点。

在滴滴出行的共享经济模式中，目前大概已经有 700 万的司机，而出租车司机大概 200 万。在这 700 万人群当中，他们不属于任何一家企业，而是个人创业者、就业者，属于全新的经营主体或商业主体。但是，他们用互联网自由连接体的方式实现了这个交易，实现了这个服务，这是一种新的连接方式。这在传统的经济模式中是不曾有过的。

目前我们对就业的权威定义产生于工业经济时代，在标准化的流水线上，人们被纳入组织中围绕机器或者其他资产开展大规模的生产和协作，传统的就业概念强调雇主对雇员在特定的工作场所、劳动方式、组织规则方面的控制，权威的就业定义实质上是以形成标准的劳动关系为依托；而在互联网经济中，越来越多的工作机会开始体现出个人工作闲暇一体化、工作时间碎片化、工作空间任意化的特点，而共享经济缔造出了全新的平台型个人对个人的用工模式。①

共享经济平台上，经营者往往具有海量化、来去自由、准入门槛低等特点，平台与经营者之间的关系较为松散，更没有固定的用工合同。而平台上的经营者和劳动者之间的关系更是呈碎片化、随时性、兼职性等特点。新的商业模式下造就的是新的生产方式和新的工作模式，因此对原有的企业用工问题和现有的法律具有不兼容的特点。比如，其中最突出的是应该如何界定并规范专车司机与UBER、滴滴等共享经济型企业的劳动用工关系。

目前，针对这种快速发展的用工模式，还没有针对性的法律法

---

① 唐镰、徐景昀：《共享经济中的企业劳动用工管理研究——以专车服务企业为例》，《中国工人》2016 年第 1 期。

规，套用既有的法律法规也只是权宜之计，新的法律法规的建立不仅需要法律研究者、政策制定部门的努力，平台方也需要参与进来，并且要根据技术发展趋势和行业发展特点不断完善平台机制和运营，在过程中发现问题、解决问题，提出合理的政策法律建议。只有各方通力合作，才能制定出既有利于行业发展、经济发展的政策法规，也能够规范可能出现的问题、保障劳动者权益的产业政策等。目前，责任最重的是企业，因为一切模式还处在过程之中，还未完全成型，法律法规也只能是根据产业变化进行动态的调整。企业组织必须以柔性化的结构来应对当前的动态环境，尤其是要改变人力资源管理模式，发展出弹性人力资源雇佣模式。

此外，在共享经济平台运营管理和社会问题之间另一个重要的衔接点在于信用问题。也就是说，在新的商业模式出现、旧有法规无法有效覆盖管理的情况下，就有一些不法分子利用这种漏洞进行违法犯罪活动，或者从事侵害市场和行业健康发展的行为。这其中最重要的就是基于信用问题的博弈。如何建立信用平台方，根据数据和机制设计自然会有一套方法，但是这种机制的成熟往往是伴随着数据的丰富和积累、经营过程中问题的暴露和解决之上的。因此，在还未成熟的过程中，就会出现一些社会问题，这突出表现在金融众筹领域。因此，共享平台上的 C2C 的供需体系必须建立在一套信用基础上。

凡是创新总是具有不同程度的破坏性，改变甚至颠覆既有的秩序和利益分配，总是会碰触到不同的利益团体的痛点。共享经济在近两年的发展更是深深地表明了这一点，特别是共享出行交通资源的领域更加严重。交通管理部门、传统的出租车公司和司机、出行共享平台、新兴的专车司机、政策法规制定者、学者专家、社会民众等各种力量都参与到了这场变革、博弈和拉锯战之中。最大的问题就是新秩序与既得利益之间的博弈，这是所有博弈的关键之处。目前，这一过程还在继续进行，笔者不再详述其过程，因为我们相信历史大潮浩浩荡荡，不管过程中发生了哪些曲折故事，最终的结局肯定是一样的。在此借用北京大学国家发展研究院教授周其仁在《专车的争议：创新难过利益关》中的一个例子结尾：

"既得利益是历史上形成的。以出租车为例，诞生之日也是一项创新，曾经触动过当时的既得利益。如果咬文嚼字，taxi 全称 taximeter，意思是'移动计程器'。据传 1907 年的纽约，一位叫艾伦的先生带女友从曼哈顿餐厅回家，临街叫了辆双轮马拉出租车代步，不料 0.75 英里的路程，被索要 5 美元。当时马拉出租车流行'砍价'，车夫靠价格歧视把消费者剩余划拉个一干二净，是常态。艾伦哑巴吃黄连，立志要把宰客马车赶出市场。不过他的办法不是找监管官员哭诉，也不是动拳动脚，而是办了一家新型出租车公司，用汽车替代马车，还装上计程器，明码计程，taxi 由此诞生。新模式计程透明，受到乘客追捧。传统的马拉出租车呢？作为过了时的既得利益，落花流水春去也。"

第 四 章

内容生产与眼球效应：文化治理的新挑战

在互联网时代，大众创业、万众创新成为政府提倡青年人创业的政策内容。随之而来的是经久不息的创业浪潮。这样一个大的社会变革是技术引起的，也就是互联网相关技术的开发、创新与应用的过程中，才会出现万众创业的浪潮。技术的创新与突破是不确定的，但是技术的运用和商业模式的创新已经深深地影响到了人们的日常生活、现有的产业逻辑、政府的社会治理思路和原有的发展路径。本书所讲的平台思维其实就是从技术运用的层面对这些变化进行总结和提炼的过程，试图抓住主要逻辑和线索，对当前的变化和未来的趋势做一个简要的路线勾勒。因为技术创新是无法预料的，我们只能在技术的经济社会影响和日常生活影响的层面对其运用进行总结和预测，同时辅以对技术发展趋势的判断，总体上研判互联网技术对于经济、文化、政策、产业、个人生活的影响。

本章所讲述的内容创业是近年来较为火热的一个概念，指的是任何人或机构通过在内容创业平台上生产内容都可以获得用户，好的内容提供者可以进一步把自己的用户市场进行商业化变现，进而达到盈利和创业的目的。在互联网的各类平台上，不管是文字、图片、短视频还是直播，内容的生产成本和门槛都非常低，可以说只要有一台联网的智能手机，任何人都能够进行内容的生产，成为内容创业者。撰写专业评论或文章固然是内容，制作视频的也是内容，进行直播生产的也是内容，哪怕是简单的记录、吐槽也是内容，只要你的内容足够吸引人，能够积累起足够的用户，你便可以在不同的内容创业平台的商业化机制的帮助下进行商业化。

没有互联网平台之前，内容的生产只局限在具有垄断地位的媒体手中，具有内容生产能力的作家、记者、编辑、主持人、播音员等必须进入媒体单位机构，再通过媒体进行内容的生产与传播。整个传统的内容生产机制的核心是机构，媒体机构在哪里，岗位就在哪里，不是这个人可以换上那个人。但是在互联网内容创业平台上，无论是微信公号、头条号、百度百家、知乎等内容平台，还是微博、一直播、映客、秒拍、蘑菇街、淘宝头条等带有公共性或电商性质的内容平台，内容生产机制的核心是人，在互联网平台上，内容生产的人与内容消费的人是平等的，可以进行直接的接触和交流，不需要媒体作为中介，消费者可以自由地选择不同的平台和不同的内容生产者，天然地具有市场竞争的内嵌机制。同时，消费者也不会被局限在某几个电视台、电台、报纸或广播频道中，他们有无数的平台以及平台上无数的内容生产者可以选择，他们根据自己的需要或兴趣进行选择。

正是这种生产机制和消费机制的变化，内容的生产更加多元、分发的渠道更加广阔，无论多么小众的内容消费需求都有相应的内容生产者，整个内容生产和消费的逻辑发生了翻天覆地的变化。这个时候，首当其冲的是传统媒体，读者和观众被稀释、分流，传统媒体的影响力与日俱下，相应地，其盈利能力也产生了巨大的滑坡。传统媒体还有明天吗？这个问题我们在前面的章节进行了讨论，此处不再赘述，但可以看到的是，社会各界对传统媒体的发展都是不看好的。不过，需要注意的是，如果传统媒体仅仅作为一个营利机构存在的话，那么在市场变化的大环境下被优胜劣汰是没什么问题的，传统媒体不在了，自然有新媒体承担起其过去的职能。但是，在我国特殊的媒体体制和媒体环境中，传统媒体没有退出机制，各级行政单位都有自己的电视台、报纸等官方宣传媒体，不管做得多烂都不能随便退出现有的市场机制，即使有了相应的政策，许多地方也不愿意轻易地放弃，只能加重财政负担，来维持运营。其实，这还不是问题的关键，最关键的问题在于，传统媒体承担着党和国家的舆论宣传工作和意识形态建设的重要功能，如果老百姓都不看电视、不看报纸、不听广播，都追随新媒体的内容创业者去了，舆论宣传功能、意识形态建设工作怎么办？这也是国家提出媒体融合的重要背景之一。所以，对于传播形式的变化，我们需要讨论的点不在于如何保住传统媒体，而在于我们需要达到的目的和作用如何能够保证。因此必须果断地转向新媒体布局。同时，也应该仔细审视和研究传统媒体在新的传播格局中到底还有哪些价值和作用，这些也必须坚守。新时代有新问题，自然有新办法，不能碍于利益或感情纠缠于过去不能自拔，必须向前看。

可是，更为重要的问题在于，内容创业平台的崛起影响的不单单是传统媒体那么简单，内容创业平台的问题更为广阔。这种广阔体现在，通过内容的生产，其背后的商业主体或个人或机构，可以进行商业模式的创新和商业机制的探索，通过内容的不同性质进入不同的垂直领域开疆拓土，对传统的不同行业的侵蚀和边界的打破，表明内容创业已经把触角伸展到不同的产业领域，而不仅仅是局限在媒体传播的层面。这是对经济发展更为重要的影响所在。

那么，这些的背后是什么逻辑？我们认为，这个就是互联网内容创业平台的全新逻辑所在，是微力量在互联网平台上的崛起，借助互联网技术机制通过把自己的特长、专业、技能放大，成为新的商业力量，主导了新的商业形态和内容生产机制的崛起，进而改变了原有的传播格局和商业格局。

接下来，本书将通过精彩的中间过程和小故事、案例把这个故事发生的来龙去脉进行讲解，也通过故事的叙述和案例的分析，让读者对这一过程及其背后惊涛骇浪及变化趋势有更加深刻的理解。

1. 内容创业产业链上的角色和机制

我们所讲的内容生产者在现在的互联网平台上有多种对应的概念，比如网红、自媒体、主播、意见领袖（KOL）等各种名称。比如，有人认为"网络红人"是指具有个性化魅力的个人，通过借助各种互联网媒介（社交平台、视频平台等），在与网民的互动过程中，通过极强的互动能力吸引大批粉丝关注从而走红的人。网红不仅包括颜值美女，还包括在新浪微博、微信、豆瓣等社交平台活跃的各垂直领域的意见领袖及达人，包括游戏、美食、宠物、时尚、教育、摄影、股票等领域。宽泛地讲，在互联网平台上进行内容生产具有一定的商业化意向，并且具有一定人气的生产者，都是本书所称的内容创业者。与普遍认为的网红的概念具有较高的重合度。而自媒体，作为较早的概念也具有网红的特性，但是并不是每个自媒体都"红"，也可能由于一些自媒体侧重于内容或信息的传播，没有鲜明的人格性，就无法称之为网红，但其依然是内容生产者。而主播则只是直播发展起来后，在平台上的一种称谓而已。人人都可以做主播。而 KOL 则不同，一方面 KOL 具有一定的权威性，必须为大多数人所接受，才能称之为意见领袖；另一方面，KOL 天然地具有一定的粉丝群体，但可能与我们平时所谓的网红相比，其粉丝量、关注度及热度等方面都不太足够。

随着内容创业的兴起，近年来刚崛起的内容创业服务平台新榜是比较成熟的一家内容创业服务平台。2016年，他们发布了"网红排行榜100强名单"，如下表所示。在发布该榜单的同时，他们对网红做了一个初步的定义和描述。他们认为，对于"网红"的定义标准要力求"纯粹""典型"，必须具备以下特征：

新榜发布的网红排行榜（部分，2016.03）

排名	网红名称	简介	新榜指数
1	王尼玛	暴走漫画主编	1 098.2
2	Papi 酱	网络视频红人，自称"集美貌与才华于一身的女子"	1 077.4
3	马睿	关爱八卦成长协会会长	1 027.4
4	韩懿莹	游戏女主持 MISS，Miss 排位日记制作者	981.8
5	陈翔	网络视频红人，代表作"陈翔六点半"系列	936.9
6	任真天	Big 笑工坊主持人	936.7
7	同道大叔	星座娱乐专家，少女之友	900.4
8	艾克里里	摄影师，自黑段子手	873.5
9	何仙姑夫	本名刘飞，代表作网络视频"麦兜找穿帮"等	844.0
10	张大奕 eve	本名张奕，穿搭红人，知名淘宝店主	819.5
11	谷阿莫	网络视频"x 分钟带你看完电影"系列创作者	808.2
12	冷兔	冷笑话达人，代表作《冷兔的起源》	801.7
13	穆雅娴	网络视频红人，代表作配音视频	792.6
14	张逗张花	网络视频红人，代表作《老美你怎么看》	783.9
15	黄文煜	搞笑视频红人	776.8

1. 网生或重生于社交媒体，而不是将传统线下内容与身份的线

上化；

　　2.引领潮流文化，生产创作年轻时代普遍关注和消费的内容；

　　3.具备人格化的偶像气质；

　　4.有清晰的商业变现能力或潜力；

　　5.跨平台传播，特别是活跃在视频点播平台、直播平台。

　　我们认为，对网红的该定义与我们对内容生产者的定义颇多相似和内涵上的相同之处，但内容生产者要比其网红的定义宽泛一些。

　　首先，第一点，网生或重生于社交媒体，而不是将传统线下内容与身份的线上化。这一点是较为重要的，首先就把传统媒体的内容所做的线上搬运工作排除在外，因为传统媒体的内容无论是从选材还是写作角度与立场以及内容风格都与互联网风格非常不同，是完全的两种生产逻辑，一是需要遵循严格的线下流程的审计，一个则是随时随地根据网络环境的特点和变化所生产的内容，更加贴近群众，更加容易传播。第二点，引领潮流文化，生产创作年轻时代普遍关注和消费的内容。这一点，我们也是认可的。许多具有影响力的内容生产者正是具有了这种能力或影响力在很多层面引领了文化的变化，许多流行语、流行词汇、段子典故等都是出于这些人之手。

　　第三点和第五点，我们不认为是内容生产者的特点，但是可以作为网红的特点。比如第三点具备人格化的偶像气质，正如上文所分析的，一些自媒体内容的生产者其实是隐藏于内容之后的，并不具备人格化的特质，但这并不影响内容的影响力和传播力。第五点，跨平台传播对于内容生产者来讲也不是一个必要条件，对于微博、微信、头条号、淘宝等大平台来说，一些内容生产者只要影响力足够，这些平台上动辄几亿的用户都是其市场，因此并非需要多个平台运作。但是，第四点对于本书所谓的内容生产者是较为重要的，如果没有清晰的商业变现能力或潜力的话，那么也称不上，顶多算作"玩票"性质的。

因此，我们所讲的内容生产者，在这里可以做一个简单的范围界定，指的是那些在网络上进行内容生产，符合互联网文化特点，并具有一定引领潮流文化和内容消费趋势的，具有一定商业变现能力或潜力的内容创作者，内容的形式多样，可以为文字、图片（比如漫画等）、短视频、直播或多种内容形式的混合等。

对于内容生产者而言，如何才能上升到创业的维度，一个很重要的点在于可以有商业变现的模式或潜力，其中的机制是什么？是通过内容聚拢起来的足够规模的用户，进而形成足够量的市场，针对这一市场，内容生产者再进行商业设计和开拓即可。这种足够量在内容创业者这一个体或小型团体而言，往往是足够的。

内容创业者针对的是每一个人，是互联网平台赋予的每一个人都可以具备的机会和能力，因此，有了主播、电商网红、自媒体、草根等不同类型的内容生产者的分类方法。毕竟，每个人的资源、能力和才能不同，因此各人获取粉丝用户的能力自然也就不同。这里可以进行讨论的典型案例是大众明星的网红化，或者大众明星与网红的区别。大众明星的生产是传统内容生产流程的产物，是一种极端的表现，但是越来越多的明星也意识到了互联网平台的力量，并开始在这一领域大施拳脚，通过提高自身的曝光量、知名度来获取商业价值，成为传统包装模式的重要部分或者干脆通过这一新的途径进行商业包装，比如薛之谦、王思聪、雷军等。其中，雷军的特殊之处在于他是商业公司的领袖，但是由于其企业特点和其对粉丝经济的依赖以及小米公司大量的营销资源，雷军的网红之路也相对更大众、更具优势。与此同时，许多通过网络爆红的内容生产者也开始走上了传统的 IP 道路，通过网络剧的表演、周边产品的生产、演唱会、粉丝见面会等形式不断提高自身的影响力和商业价值，进而走出与传统颇为相似的变现道路。

一言以蔽之，既然在互联网内容生产平台上，每个人都有机会进入，那么传统的大众明星或者掌握大量营销和商业资源的个人自然比一穷二白的内容创业者更有优势，当然也可以进入平台进行牟利。但是，与传统的明星制造产业链相比，内容生产者的商业化之路具备其独特之处以及新的机会和路径。

第一，门槛更低。利用社交媒体、直播平台、电商平台等互联网平台的支持，每个人都可以积累用户，相比于传统的明星制造产业链成本更低，更为开放。内容创业者可以直接接触到用户，进行针对性的沟通和专业化的商业设计。

第二，更加小众化、垂直化。传统的明星往往具有大众化的特点，针对的市场也更为广阔。而内容创业平台上的内容创业者则更加小众化和垂直化，只在自身能够拓展的领域内进行深挖掘。每个内容创业团队通过打通小众圈层的商业路线，更加具有小而美的特质。

第三，产业链不够成熟，但具备足够的潜力和想象空间。传统的大众明星的变现路径，最重要的是通过广告、品牌代言、参演电视剧电影等形式获利，而内容创业者的商业途径则相对多元，广告、网剧也是一种方式，但更为重要的是，通过电商平台的支持，可以在自身领域内进行各种产业化探索。比如，直接通过虚拟礼物的打赏获得收入、生产由内容出发的虚拟产品或实体周边产品获利等。

比如薛之谦，严格意义上来讲，他是一个互联网平台造就的网红。2007 年，薛之谦因为《认真的雪》火了一把，然后正如他自己所说，如今已经过气。把自己打造成网红，可能是薛之谦成名之路的无奈之举。通过微博等平台，薛之谦不仅以段子手的形象吸粉无数，而且借助自己积累的粉丝群体，成功地走上了商业化之路，是传统与互联网杂糅的一个案例。有人总结薛之谦的网红打造之路的特点时，总结了三个方面：首先，特殊的内容风格，辨识度高。薛之谦的辨识度来自文案特征，爱用符号点点点……接受自黑，说话幽默，爱提他爸爸，愿世界和平。赶潮流，爱发秒拍视频。第二，了解、具备并运用互联网文化特点。薛之谦可以自黑、哭穷、幽默、标榜单身狗等，非常符合如今互联网上的潮流和文化特点。第三，还具备一种情怀，成为吸引粉丝的一大利器。薛之谦本身就是一个歌手，没有经过专业训练，但是热爱音乐，坚持自己的风格，坚持原创，坚持自己的梦想，这给了粉丝一种可靠、有趣、值得信赖的形象，而不是一个简单的幽默的网红。

薛之谦的商业价值也随之水涨船高。在 2016 年给洋码头 APP 所做的一次营销活动中就大获成功。他通过自己的长文案叙述自己跟朋友"君君"的日常相处，内容搞笑，引人阅读，但在过程中突然出现广告插播内容，非常自然，如下图所示，成功地把洋码头进

薛之谦的一次微博营销的文案部分截图

行了植入和介绍，并对洋码头的 317 大促销进行了宣传。

这次微博内容取得了粉丝的疯狂转发和评论，甚至把文案中提到的"君君"送上了微博热搜榜。该条微博最后获得了 10 万＋的评论，44 万的点赞，5 万＋的转发，并霸占热门微博榜第一名 24 小时之久。

2. 内容创业的构成主体和关键要素

第一财经商业数据中心根据淘宝、优酷、微博等几大平台的数据，基于阿里平台红人销售额，把相关的商品销售额、营销收入以及生态其他环节的收入计算在内，估计 2016 年的网络红人产业产值为 580 亿元。这个数据在很大程度上包括了我们所讲的内容创业的范围，当然此数据值得商榷，只是一个预估。580 亿元是什么概念呢？2015 年我国电影总票房的收入为 440 亿元，比红人产业低 140 亿元；而 2015 年加勒比国家海地的国内生产总值也就是这个数；相当于国内最大的快消品生产商伊利 2015 年全年的营业额，相当于国内最大连锁百货百联集团 2015 年的销售额。

根据调查公司易观的估算模型，我国 2015 年的网红产业规模是 251 亿元，预计 2018 年达到 1 016 亿元。易观解释道，中国网红产业规模是指中国大陆地区网络红人依靠自身影响力和知名度获

（单位：亿元人民币）

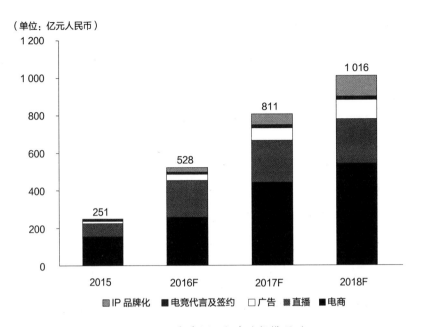

2016—2018 年中国网红产业规模预测

资料来源：易观

得的收入总和，变现方式包括但不限于电商、直播、广告、电竞代言及签约、影视演艺、IP①品牌化等。易观通过建立模型，根据来自行业的公开数据、专家访谈、企业深访等数据和观点进行了这一预估。可以看到，网红产业的复合增长率高达59.4%，而电商和直播是主要的变现方式。

　　通过以上两个数据可以预见，内容创业者的前途和想象空间是巨大的，对传统的经济社会的冲击也是必须关注的。为什么内容创

———————————

①　IP即知识产权，是 intellectual property 的缩写。

业者能够具备这么强大的影响力和商业价值，其背后主要就是互联网内容创业平台提供的基本支持。但是，整个产业链生态环境的形成背后，其实是各种原因共同促进的，文化观念上的变化，商业主体的积极探索，互联网平台的技术支持和服务能力的升级，资本的介入和促进等等，可谓是一场天时地利人和的商业剧的上演。

著名财经作家、学者吴晓波在《预见 2017》的演讲中提到，"我们对 2016 年的第一个预见是中产消费元年的到来，这件事在 2016 年变成了现实。我认为 2017 年它会由元年的萌芽状态渐渐成为主流，这个主流不仅仅是消费、产品方面的变化，它有可能是橄榄形中间的数以亿级的中产阶级的扩大。当这些人不断增加时，这个社会改变的不仅仅是消费观，它会改变什么呢？会改变审美，会改变价值观，会改变这个国家很多的公共问题，甚至改变我们对'公平'这两个字的理解。当新锐中产成为这个国家的主流时，中国将出现新的增长点。"

吴晓波对于 2017 年的预见从总体上看是对整体的经济发展和消费升级的具体化，同时，在经济增长不甚乐观的大环境下又看到了新的增长力量和未来。这表明我国的市场发展的规模和基础具有良好的底蕴，同时，这也正是内容创业者不断开拓前进的大前提。根据国家统计局的数据，易观对 2013Q1—2015Q4（2013 年第一季度—2015 年第四季度）居民可支配收入进行了统计，到 2015 年 Q4，中国居民的人均可支配收入增加到 21 966 元，比 2014 年 Q4

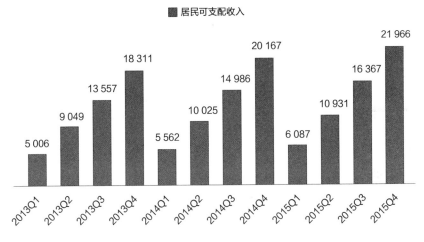

2013Q1—2015Q 居民人均可支配收入累计值

的 20 167 元高出 1 000 多元，居民收入持续增长，新兴的中产阶级正在崛起，成为整个经济转型和产业升级的储备性力量。

同时，中国居民人均消费支出也在发生结构性的变化，食品支出在整个消费支出中的比例持续下降，交通通信、文教娱乐、衣着

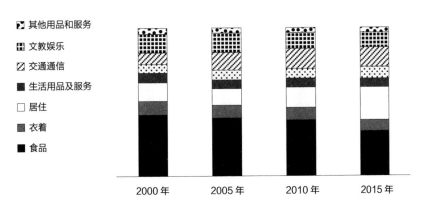

中国居民人均消费支出结构变化

等所占比例越来越大。当然，居住方面所占的比例在近年来房价不断攀升的大背景下持续上涨，但从数据上看，这对其他领域的消费并没有产生压缩性的变化。

移动互联网的快速崛起是互联网技术发展过程中给予内容创业的一个爆发的起点，智能终端设备的普及使得内容创业者随时随地可以进行内容的生产与发布，而内容消费者则随时随地可以消费内容和产品。伴随着移动互联网的发展和移动终端的升级，在宽带费用和移动流量资费的下降趋势中，内容创业的基础设施将会越来越完善，而整体的用户市场和消费市场也会产生更大的爆发性增长。

其中，互联网内容创业的平台在以上两个大的基础上得到了迅猛的发展，也是内容创业的主要发生平台。综合类社交平台微博、知乎、微信公众平台等快速崛起，垂直类的社交平台如陌陌、穷游、雪球等发展迅速，同时，与变现相关的淘宝的移动化也随之跟进做出了巨大的支持，京东、美丽说、蘑菇街、洋码头等移动电商平台为创业者和用户产生连接、互动、交易、交流创造了基本能力。

以微博为例，从大 V 策略转向中小 V 的扶植之后，内容生产的生态效应逐渐明显起来，一个个中小 V 集结起来的是一个个小型的社区、部落、集市，由于公开性的平台，平台的海量用户为其提供了空间。微博逐渐从一个金字塔形的内容和用户平台变化为以中小型节点为主导的网络化的大平台。内容生产者的发博数量不断实现突破，评论数、点赞数再次活跃起来并取得快速增长。其中，微博支付用户增长至 5 000 多万，一个从社交资产向商业资产转化的平台得到了闭环型的完善。与阿里的战略投资和深度合作为此提供了整体的支持，一个商业生态逐渐建立起来。微博在动漫、美妆、作家、股票、美食、电影、母婴、摄影、运动、旅游、汽车、体育等重点的垂直领域中已经培养出来大量的内容创业者，不断增强整个生态的黏性。

目前，一旦联想到网红类型的内容生产者往往想到的是高颜值的美女，青春靓丽确实是吸引眼球的一大卖点，但是总体看，未来的发展趋势，靠颜值博眼球的内容生产者的空间和数量都是有限的。基于兴趣的部落社群，对有价值的信息内容的天然需求是更大的空间。在微博上，任何人都可以开通微博账号，针对自己的专业特长或兴趣爱好进行内容生产，进而形成自己的社交资产，社交资产的变现能力不一定跟粉丝数量成正相关，而是跟其所在垂直领域的特定属性有关，比如微博上长期活跃的各个领域的意见领袖与行业达人都是内容生产重要的源头。虽然目前变现方式以广告居多，但是平台方不会任其放大或混乱，一方面广告经常被普通用户所排斥，另一方面过度的广告投放也会影响整个生态的价值和影响力。电商、内容付费、线下产业链延伸都是潜力较大的方向。比如上文提到的薛之谦的案例，至于其到底是内容还是广告，界限也已经比较模糊了。但是，这些内容确确实实产生了效果，也有广告的嫌疑。从较早期的博客、论坛、社交网络到如今的公众号、视频平台、社交平台、直播平台的发展，商业化和规范化必然是一个探索中前进的过程。

直播是内容创业在 2016 年中开始火爆的内容形式，目前主要的内容形式是短视频，据悉，2016 年 9 月 20 日的"头条号创作者大会"上，今日头条创始人张一鸣提出"短视频是内容创业的下一个风口"，并宣布要投入 10 亿补贴加速"头条号"上的短视频内容的发展。而 12 月微信将朋友圈"小视频"的长度限制从 6 秒延长至 10 秒，更是让内容创业界对"短视频"的关注达到了前所未有的高度。根据微博 2016 年的用户发展报告，短视频的发展迅速，观看短视频的用户年龄多分布在 30 岁以下群体，其中 23—30 岁的用户占比 39.1%，18—20 岁的用户占比 34.3%，11—17 岁的用户占比 15.8%。

此外，互联网内容创业平台本身也是多样的，提供不同类型的服务和推送渠道。除了微博、微信、淘宝这样大型的社交和交易平台之外，不同垂直领域内爆发性出现的许多平台的用户量也是非常可观的，比如号称 5 亿用户的今日头条，比如唱吧、秒拍、美拍、B 站等大型的垂直型内容创业平台。不仅大型平台内会向各垂直领域深度挖掘、渗透和商业化，不同的垂直内容创业平台也在根据用户的需求、兴趣、价值要求等不断进行细分和衍生。

根据腾讯发布的 2016 年 9 月的大数据报告，可以看到内容生产者所收获"真金白银"数量更是达到了一个新的量级。其中，单月获得最高补贴的微信公众号自媒体获得了 44 162 元的奖励，而单月最高分成达到 23 834 元。仅靠平台补贴，不依靠广告、平台广告分成、打赏等常规模式，就能获得 4 万元以上的高奖。而百度也在 2016 年的百家号内容生态大会上公布的"百亿分润"计划，具体而言就是在 2017 年百家号将通过联盟广告分成和原生广告分成两种方式给内容创作者分润 100 个亿。对于内容的重视，各个内容创业平台也在加大扶持力度，不断建造自身的强生态效应，并在整个生态建立之后谋求平台本身的利益和商业设计。

由于内容创业者在聚集流量、用户和市场开拓方面的能力和潜力，资本市场开始关注并参与进这场内容创业的盛宴中。Papi 酱、同道大叔以及培养网红的经纪公司和服务平台、第三方公司等都先后获得了投资，资本的投入无疑加速了内容创业的速度，改变这一市场的发展格局。在内容创业的商业主体中，需求最为旺盛的一般在情感类、养生类、政法新闻类、企业管理类和旅游类等热门领域，因此这些领域内的内容创业者也往往更容易获得资本的青睐。在 WeMedia 和 TalkingData 联合发布的《2016 年自媒体行业洞察报告》的统计分析中，在内容创业领域内融资类型分布中较多地集中在媒体、文化、汽车、餐饮和娱乐领域。

而根据 E 客先生整理的融资清单中，融资上百万千万级别的公众号也不乏其人。如美团投资的"餐饮老板内参"在 2016 年 6 月 A 轮融资 5 000 万，估值 2.5 亿；而"正和岛新媒体"则估值 8 000

万，"政商参阅"融资 1 500 万，估值 1.5 亿元。其中，"罗辑思维"更是估值高达 13.2 亿元。

在这些投资中，除了基金、投资公司之外，个人投资特别显眼，比如财经作家吴晓波，吴晓波本人在多次的论坛演讲等公开场合看好内容创业，并认为这一领域大的爆发期还远未到来，2015 年，吴晓波发起成立了狮享家新媒体基金，并投资了"十点读书""餐饮老板内参""酒业家""B 楼 12 座""车早茶""灵魂有香气的女子"等多个微信公众号，总投资额超过 5 000 万元。

内容创业者的兴起是多方面因素造就的结果，除了上述的经济环境、互联网平台基础、技术更新、资本支持等，还要谈及的是新的互联网文化的出现，互联网文化的特点与传统媒体时代的大众文化具有很大的不同，互联网创业特别是内容创业风潮的出现很大程度上是人们在互联网技术发展的基础上，个人理念的觉醒，并对互联网技术对整个社会文化的影响的结果，大众的娱乐化内容的需求、亚文化社区的规模化、内容消费观的转变、内容碎片化、时间碎片化等各种社会文化特点出现之后，这场大的变化便发生了。怎么理解这种互联网文化的出现，我们将在后续的章节进行展开。需要强调的一点是，内容创业者这些变化其实是技术带来的理念的变化，只有人的思维方式和理念观点发生了变化，才会作用于现实世界，而在这个发生的过程中的前提是技术突破和创新。

互联网发展的浪潮一波比一波汹涌澎湃，在运用创新的过程中多种力量和因素交叉作用和协同前进，商业模式很重要，资本推动很重要，但是人的理念的变化是更为根本的推动微力量崛起的基点。

3. 内容生产变现的商业化运作模式

对内容创业者而言，互联网平台提供了基本的空间、技术和服务支持之后，如何获取用户、如何进行商业化、如何进行永续经营是目前刚起步的内容创业者在集体探索的主要方面。内容创业这一领域是前所未有的，目前并没有现成的经验和模式可以借鉴，而是一个全球性的新现象，必须在实践中摸着石头过河，在实践、探索、研究、总结、再实践的过程中反复进行，才能既发展出一个新的经济增长点，也在发展中把内容创业所遇到的社会问题、政策问题甚至法律问题等一一解决或缓解。

内容创业的商业化问题在还没有成型的定论之前，我们必须关注的是，内容创业者如何赚钱？凭借什么盈利？我们一直坚持的是在互联网平台的大视野和大前提的基础上强调微力量的崛起，也就是个人、团队、机构等所有规模的商业主体的借助平台提供的门槛极低的微力量进行创业、革新，蹚出一条新路子。目前，内容创业者们正在实践的盈利之道主要包括以下几个方面：

首先是内容作为产品进行出售盈利。目前主要表现在内容打赏、付费阅读、直播打赏等形式上，粉丝通过虚拟礼物的赠送给予内容创业者直接的金钱。比如著名微信公众号《六神磊磊读金庸》，该公号的运营者本名王晓磊，是专栏作家、媒体人，粉丝 50 万，爆款文章阅读高达 100 万，一条公号的收入十余万，年收入上百万。在一次采访中，他透漏了其一篇微信文章《坐月子》在发布当晚阅读数就破了 10w+，点赞数接近 1 万，3 500 多次赞赏总共 3 万多块。根据微博数据中心的报告，2015 年微博平台上认证账号被打赏成交额的 TOP10 中，财经类账号位居榜首。

第二种是广告，内容创业者大号一旦积累起一定的粉丝就会接广告或称为内容营销，根据 @ 回忆专用小马甲所在公司提供的报

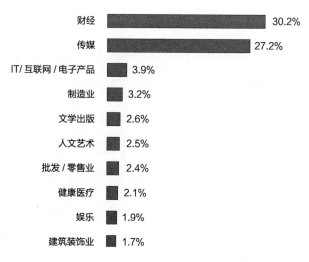

微博平台 2015 年不同行业认证账号打赏成交额 TOP10

价单可以看到，根据转发形式的不同、转发内容制作的难易程度和形式价格均不同。不同形式的内容平台上的形式不同，比如直播平台上的广告播报或植入则有另一套收费方式。

广告是内容创业者在积累起足够量的粉丝之后最直接，也是目前最普遍的盈利方式。试想，传统媒体比如报纸或电视台，特别是地方性的媒体，其覆盖的人群与动辄几百万上千万的自媒体大号比起来，进行广告销售的基础要薄弱得多。同时，广告也是广告主客户最习惯的营销方式。而对于更为隐蔽的软文、内容营销等创新性的广告方式也在此基础上不断创新出来，比如 H5[①] 等都取得了不错的效果。本书部分章节也对程序化购买广告进行了讨论，此处不再赘述，本章也不再对广告收入进行过多的分析。

第三，内容的 IP（即 intellectual property 的缩写，知识产权）变现。目前关于 IP 方面的变现主要在文化娱乐领域，比如上文提到的同道大叔曾发布新书《狮子座》，而且将十二星座人偶音乐剧以及十二星座限量版公仔等。此外，一些因为网络内容创作走红的红人也开始走向演艺事业，进入网剧拍摄、电影产业等领域，比如因扮演网剧《万万没想到》而走红的王大锤等，就参与主演了电影版的《万万没想到》。央视纪录片频道出版的《在故宫修文物》在央视并没有取得好的收视和影响，无独有偶，该纪录片却在著名弹

---

① 是指第 5 代 HTML，这里指用第 5 代超文本标记语言制作的数字产品。

序号	项目	微博链接	粉丝数	形式	价格	备注
			**[回忆专用小马甲]**			
1	微博	http://weibo.com/u/3217179555	2 444 万	转发	￥25 000	微任务，内容若是硬广需要加收 2W
				直发	￥30 000	
2	微信	xiaomajia999	100 万	首条	￥70 000	可提供内容创作／首条含妞妞端午出境
				次条	￥60 000	
3	秒拍	http://www.yixia.com/u/paike_ycdxf1v2vx	2 320 万	转发／直接发布	￥8 000	
				非出境原创	￥15 000	
				宠物出境原创	￥30 000	
4	创意	http://weibo.com/3217179555/Cl9ehdCwR	2 370 万	妞妞端午配合拍照（拍照在 4 张以内）	￥50 000	包含马甲微博直发
		http://weibo.com/3217179555/CAeTn70X8	2 370 万	马甲随笔绘画	￥50 000	
		/	2 370 万	妞妞端午创意长条漫画制作	￥60 000	
		http://weibo.com/3217179555/CvvRdAQxB	2 370 万	创意图文长微博	￥70 000	
		http://weibo.com/3217179555/CAmKodvoX	2 370 万	妞妞端午视频／秒拍 /gif 制作（时长 1 分钟以内）	￥80 000	

营销大号 @ 回忆专用小马甲报价单

幕视频网站 bilibili 一炮而红，进而 B 站便与央视合作拍摄了大电影《在故宫修文物》，受到了热捧。

第四，电商收入。内容创业者在自身所在的领域通过自己生产的内容聚合起来足够的用户群体，等于为自身创造和维系了一个市场，进而根据用户的特点和自身的优势进行产品的生产和销售是内容创业者进行电商操作的基本逻辑。理论上讲，IP 变现方式中的周边产品的生产也属于这一范畴。

一般来说，内容创业者的电商化盈利比较多地发生在与淘宝平台的连接中。但是，像蘑菇街、美丽说、唯品会、洋码头等垂直电商平台也是重要的平台，当然也有一些做得比较大的内容型电商有自己的销售平台。其中，最具代表性的是淘宝电商平台上的案例。2016 年 11 月淘宝网络红人店铺销售大幅增长。其中，最大的 5 个淘宝红人店铺分别是：钱夫人家、吾喜欢的衣橱（张大奕 Eve）、

Anna ITIS Amazing、美丽的夏夏和 Zowzow，其店铺收藏量分别是 600 万、420 万、300 万、210 万和 130 万。她们的微博账号分别是雪梨 Cherie、张大奕 eve、Onlyanna、美美 de 夏夏和呛口小辣椒，粉丝数量分别是 290 万、470 万、130 万、340 万和 620 万。5 家淘宝红人店铺在 11 月份的销量同比增长 434%。其中钱夫人家和吾喜欢的衣橱在"双 11"销量超过 1 亿元。

与传统的网上店铺相比，内容创业者的店铺其实是从以商品为中心转向了以人为中心，从对流量的争夺转向了对消费者的争夺。为什么在女装类的店铺中能够获得以上如此傲人的成绩，原因即是在此。此类店铺往往因为用户粉丝的规模和忠诚度优势，会获得更大的店铺流量，经营成本更低，同时其选款能力和对市场的反应能力也更强，也因此可以采用预售的模式，降低库存率。根据蘑菇街平台的数据，网红店铺的成交客单价均值比普通店铺高出 23.8%，成交品单价高出 26.3%，30 天内二次购买率更是高出 236%。

在内容创业的各种商业化尝试中，我们特别强调电商类的商业尝试，理由在于与其他商业化方式不同，电商化的尝试其实是通过内容进入传统的各个行业，正在从一个新的逻辑重塑传统的经济社会逻辑，不断建构新的商业思维和经济方式。这才是互联网平台的整体思维中最为紧要的部分。通过对各个行业的进入，内容创业者们改变了消费者传统的消费习惯、媒体接触习惯，最重要的是改变了制造业的逻辑，改变了工业时代线性的生产流程，改变了无法有效满足需求侧的问题，而是从需求出发，重新塑造了传统的生产关系、供应链条，并且开始催生新的需求，创造了许多新的产业形态，同时也淘汰了效率低、不适应新变化的环节和形态。

在内容创业火热的大背景下，针对这一市场的各种产业形态开始出现，其中最为显眼的就是网红孵化经纪公司。相比来讲，网红孵化经纪公司的抗风险能力更强，避免了个人创业带来的诸多不稳定性，同时，以抱团、规模化的方式进行的内容创业支持服务也能够给网红提供更多后勤性的基础性的服务，让内容创业个体的变现方式更加多元。

一般而言，内容创业的产业链包括社交平台、内容创业者、经纪公司、供应链提供商以及电商平台。而经纪公司发挥的作用是整合各方资源，通过整合能力打通各个环节，不断提升自身的服务能力和资源持有量，进而从内容创业者和自身角度创造更多的价值和利润，摸索出更合适的商业模式。孵化器经纪公司其实在内容创业的产业链中扮演了筛选机制、放大扩散和保姆式服务的角色。

以网红经济中最为火爆的服装产业为例。网红及其经纪公司的出现，改变了整个供应链低效、浪费严重、客户难培养等问题。在需求端，网红具有海量的粉丝和用户，作为意见领袖，网红既可以通过买手进行渠道导购，给粉丝提供更加个性化和优良的服务与体验，将自身对时尚文化、产品质量的高度敏感性、识别能力转化为生产力，向粉丝进行推荐。这不仅扩大了品牌商的销售规模，还提升了企业的收益，缓解了高库存，提高了资金周转速度等。越来越多的品牌商、网店开始利用红人进行销售工作。

更为有价值的探索在于，网红可以通过自己的能力或借助经纪公司的支持进行电商的商业化尝试，这种尝试使得内容创业者可以深入到各个行业中，是对各个行业原有规则的重塑。在这种探索中，最重要的是内容创业者与用户的近距离接触中可以快速获取用户的需求，比如粉丝信任网红的品位和行业鉴赏能力，或者是通过数据分析，或者是直接的投票交流等，可以获取用户的真实需求。同时，最重要的是，如何打通供应链，推动传统的供应链能够快速响应网红店铺的需求，把原材料的采购、设计、生产、物流等进行融合、重塑，缩短销售周期。此外，对于网红的内容生产、营销传播、数据分析等能力的培养和提高也是经纪公司提供的关键部分。

经纪公司的整合能力体现在多方面。首先，经纪公司具有丰富的网红资源和运作经验。许多网红的生命周期并不长，对网红内容生产能力和粉丝黏性的培养以及对网红的商业化的包装和运营是考验一个经纪公司的重要方面。同时网红的公关能力和营销能力的支持也十分重要，事件营销往往能够带来爆炸性的效果。

其次，网红孵化经纪公司往往具有较强的数据分析能力。数据驱动的企业是所有互联网相关公司的基本特征，如何利用数据优化业务流程、提高粉丝黏性是内容创业者需要特别关注的事情，因此，网红经纪公司利用手中的资源和规模化的市场和资金的支持可以在数据分析和应用上面投入更多，也具有更多的业务经验。

第三，完善的供应链支持。内容创业者一旦涉及实体产品的生产与销售势必需要供应链的支持，而传统的供应链过于缓慢、成本过高、对量级要求较高，无法满足互联网时代小批量快速供应的需求。一般的经纪公司往往具有自己的工厂，根据内容创业的特点进行供应链的改造，灵活生产、计划生产，可以快速满足电商平台上的海量、定制化的需求。此外，不具有工厂的孵化器公司也可以跟代工厂合作，目前许多崛起的新型的代工厂也提供针对性的服务。比如在全球最大的毛针织集散地浙江桐乡，一家名为空中濮院的服装供应链公司就整合了传统的毛针织品类的工厂和原材料供应商，直接为内容电商提供定制化个性化的产品。

第四，在内容创业的产业链中，前端的粉丝与用户的运营和服务能力也是经纪公司的重要工作内容。内容创业出现的时间虽短，但是也有经验和规律可循，如何总结经验和规律并应用到粉丝运用和品牌打造中是十分重要的。有些新晋网红并不清楚其中的规律，也不具备此类运作经验，网红经纪公司则越来越具备成套的体系化的运营资源和经验，可以为内容创业者提供专业的服务。

第五，经纪公司提供的利润分成机制和激励政策。内容创业者与经纪公司的关系在本质上是合作关系，而不是传统的雇佣关系，因此二者之间的分工协作和利润分成是重要的部分。不同的经纪公司、不同的业务内容、内容创业者所处的不同阶段等都是影响利润分成和激励政策的重要考虑指标。

根据公开资料，目前市场上比较有代表性的内容创业者孵化器经纪公司有如涵电商、飞博共创、缇苏电商、七煌、中樱桃、美空等。这些孵化器经纪公司都获得了资本市场的青睐，融资均在几千万甚至上亿的投资额。

如涵电商是此类经纪公司中的典型和佼佼者。地处杭州的如涵电商，具有杭州得天独厚的服装业和服装模特资源，如涵电商拥有自己的制衣工厂，掌握产业链集群的优势，通过签约网红、提供摄影外包、店铺代运营等。旗下有张大奕、大金、雪梨等知名网红内容创业者，签约网红近 100 人。比如张大奕曾经是瑞丽的模特，在之前的行业中一直不温不火，在成为内容创业者、加入电商创收的大军后，年销售额达到了 3 个亿。其淘宝电铺每次上新时，都会迎来一波大幅的销售激增情况。曾投资如涵电商的君联资本执行董事兼如涵电商董事邵振兴评价如涵电商时说道："如涵是国内快速兴起的红人经济和社交电商趋势的领导品牌，在国内红人经济行业中有很高的品牌知名度，创始管理团队具有很高的战略视野、很深的行业理解以及很强的执行力，我们期待着与其管理层及其 A 轮投资人赛富亚洲基金强强联手，未来携手进一步巩固如涵在红人电商的领导地位，同时积极拓展新的业务模式。"

与传统服装品牌约 15% 到 18% 的不良库存率相比，如涵电商的不良库存率仅有 2%—3%，这得益于其网红点上的快速周转和服装产业链的高效整合。因为网红电商是典型的 C2B 模式，先有需求再进行生产模式为主，所以不良库存率低。同时，如涵电商还推出移动端的 ERP（企业资源计划）系统，内容创业者可以即时查看从开发到生产各个环节的进度，保证了信息的有效传递和及时调整。

如涵电商在孵化内容创业者的过程中，会根据每个内容创业项目的不同特点进行定位和商业化策划，把每一个网红型的内容创业者当作一个品牌，设置一个专门的品牌人员负责孵化平台与内容创业者的沟通以及各个环节的沟通、运营等工作。其旗下的网红店铺起码有 5 家陆续拿到过淘宝当天女装销售的第一名。

在如涵电商的签约网红中，张大奕是其中的代表。张大奕在加入互联网平台的内容创业大军之前是一个模特，她是《瑞丽》《米娜》《昕薇》等时尚杂志的服装搭配版的常客，曾为美宝莲、格力高、可口可乐等知名品牌拍摄过广告片。

早在 2015 年初，张大奕就签约了网红孵化器——如涵电商，在短短一年半的时间内，就将自己的微博粉丝数从 25 万涨到了 400 多万，为自己的店铺打下了良好的市场基础。她所经营的淘宝 C 店，在 2015 年"双 11"中，成为网红店铺中唯一一个挤进女装类目榜单的店铺。在 2016 年"双 11"中，其淘宝店铺"吾欢喜的衣橱"更是唯一一位杀入淘系平台女装行业热销店铺前十的网红店，位居第十位，在上新半小时内就挤进全平台女装类目第四。

张大奕在内容经营和电商化的过程中，特别重视与粉丝们的交流和沟通，她自称为"大姨妈"，把她的粉丝叫作"E罩杯"。与其他网红把店铺链接写作微博简介不同，张大奕在微博简介中写了一段长长的话："不缺钱不缺德以分享为准绳赚钱为目的上新前会刷屏的小小私服缔造者不接受任何关于错别字的批评和逾法。"张大奕会在微博上问粉丝，背带裙的带子是粗条好还是细条好？一条连衣裙虽然是无袖，但因为是强捻棉材质，成本有点高，做不做？根据点赞的数量和评论的内容，张大奕能及时获得粉丝的口味偏好、对价格的接受程度，从而更精准地调整生产线。

张大奕在一次访谈中提到自身与粉丝互动的一个案例，一个在法院提起离婚诉讼、下个月就会宣判的女孩，想穿着张大奕店里一款还没有出货的羽绒衣"美美地离婚"，于是在微博上询问是否能够提前购买，结果张大奕让这个女孩提前拿到了羽绒服。她认为，这不仅仅是一件衣服，而是一个心愿，一个只有她才能帮女孩完成的心愿。

张大奕的店铺"吾欢喜的衣橱"里没有买手，所有款式都是她亲自挑选，是一种穿衣风格，基于生活场景的穿衣搭配，从而打造自己的品牌——张大奕的私服。每一款新品的开发都会提前6—9个月，在款式、面料、裁剪各方面不断斟酌。她对产制流程的涉入也非常深，每次样品制成后，她会参与每个单品的文案撰写，跟随团队出国取景，拍摄产品图片。然后，她的团队会在微博和微淘放剧透、解读视频、产品预览。从开发到最后上架、发货、售后，如此循环。

2014 年 11 月，张大奕用微单拍摄了第一支 5 分钟的小视频，用更为直观、立体的方式展示围巾的价值。尽管当时上传和播放视频仍然需要从优酷的接口跳转，画面并非高清，但动态的产品展示和解读给粉丝很大的信心，这段视频播放量 3.6 万，收获 399 条评论，围巾开售后一抢而光。

2016 年 6 月 20 日是淘宝直播开通 100 天，20:00 张大奕以红人店主的身份为自己的店铺上新代言，张大奕的首次淘宝直播结束后，观看人数达到 42.1 万，点赞破百万。在未做促销打折的情况下，店铺上新成交量约 2 000 万元，客单价逼近 400 元。

2016 年 12 月 5 日，张大奕的第二家淘宝店"口红卖掉了呢"开业，新开淘宝店的主要产品是张大奕和其团队独家研制开发的口红，店铺开张第一天，上新的磁铁雾面口红在开售短短两个小时内，销售量就达到惊人的 2 万只。

阿里巴巴集团 CEO 张勇在天猫"双 11"内部复盘会的演讲中提到："'双 11'零点的时候，有一个意外惊喜，严格来说不能叫惊喜，只是那一刻我们惊叹这股力量很强大，那就是网红的力量。零点时分，我们经历了淘宝高速增长的一段时间，这段时间里，淘宝的同比显示令人惊讶的增长，后面的力量是什么？网红。在那个瞬间都爆发了！其实体现了网红经济的力量，网红参与到'双 11'，其实是一道亮丽的风景。"

2016年，如涵电商以杭州涵意电子商务有限公司为名借壳克里爱在新三板挂牌上市。随后杭州涵意电子商务有限公司又设立了杭州如涵供应链管理有限公司、杭州如涵文化传播有限公司、如涵香港有限公司等一系列的子公司，并通过股权转让的方式接受了杭州私久电子商务有限公司、杭州吾韩电子商务有限公司、杭州大奕电子商务有限公司等部分或者全部股权。经过一系列操作，克里爱公司全称由"苏州克里爱工贸股份有限公司"变更为"杭州如涵控股股份有限公司"。如涵电商的公司结构图逐渐清晰，未来的业务模式和发展战略也逐渐浮出水面。

其中，比较重要的三家控股公司值得关注：杭州如涵文化传播有限公司将主要从事设计、制作、发布、代理各类广告，经营演出及经纪业务，是如涵控股负责网红打造和运营的公司；杭州如涵供应链管理有限公司将主要从事供应链管理及相关配套服务；如涵香港有限公司则是从事跨境电商业务的主体，将通过整合全球优质的供应商，为公司开展跨境电商业务提供支持，提升公司盈利能力，其主要经营范围是日用品、美妆类用品、食品、保健品进出口。鉴于如涵香港公司的存在，我们有望看到更多如涵控股打造的从事跨境电商业务的网红。

经过上市过程中的规范化，如涵电商的战略布局越来越清楚。其中，张大奕作为如涵电商最得意的内容创业者，也从原有的利润分成，走向一个实体公司。杭州大奕电子商务有限公司是如涵控股的当家花旦张大奕从事电商业务的经营主体，其中，如涵控股拥有51%的股权。

如涵电商的模式其实在某种程度上是为风风火火的网红创业创造了门槛。对于许多内容创业者来讲，大量竞争对手的涌入导致该行业的红海竞争，店商品台上的流量获取和关注度获取越来越难，营销推广费用也越来越高，如何运营，如何掌握自身的核心竞争力是不得不面对的难题。而孵化器模式通过平台化、团队化和专业化的运作，为内容创业者提供了平台性的能力，提高了其市场竞争力。

内容创业不是借着互联网的东风挣巧钱、挣快钱，而是扎扎实实地改变传统行业的痛点，走出自己的模式、新的商业思维，如涵电商的创始人冯敏始终认为如涵电商是一家重视信息化和互联网化的女装企业，而不是网红公司。他本人也反对网红这一时髦的称呼，他认为如涵电商旗下的内容创业者们提供的是更高质量的信息服务和商品服务，通过自身的专业知识、鉴赏力、运营能力和商业模式给消费者提供了更好的体验和价值。

在内容创业中，值得关注的还有网络文学创作者的 IP 化。一大批网络作家在各类内容创造平台上的内容生产成为影视娱乐产业链中的新生力量，或者成为网络剧的重要基础和来源，甚至创造了新的产业形态、重构了传统的文化娱乐的产业链。

根据调查，我国网络文学用户规模达 2.94 亿，从事网络文学业务的民营网站高达上千家，网络作家超过 250 万人。其中 10 多万名作者通过创作获得了经济收益，最高的甚至收入可达 5 000 万。仅 2014 年就有 114 部网络文学作品被收购，平均每部版权费 100 万。

像晋江文学、起点中文网、红袖添香等网络文学站点成为影视剧制作公司的重点关注平台和影视剧的主要来源。许多影视公司甚至每天都会浏览这些网络平台寻觅合适的具有开发潜力的 IP 作品。除了这些平台，还包括豆瓣、天涯、人人等论坛贴吧乃至微博、微信的各种转帖。同时，主流网络文学网站通常也会根据不同的影视公司的风格特点，定期给影视公司推荐旗下小说。

而影视剧制作公司的剧本研发部门每年都会划拨一定预算，花费大量精力去遴选优质 IP 作品。比如，晋江文学城官网上就有几十家影视公司合作伙伴，包括中影集团、华策影视、欢瑞世纪等业内一线影视公司以及阿里影业、合一影业等新兴互联网电影公司也在其列。慈文传媒甚至将网络小说改编提高到战略规划的高度，网络小说改编剧占公司开发项目的 50%以上。

传统的影视剧制作公司大有向网络制作公司转变的趋势，为什么这些影视制作公司热衷于网络文学作品，重要的原因在于网络小说改编剧的市场基础好，网络文学爱好者以及习惯互联网文化的观众越来越多，他们在用户属性、内容消费习惯、娱乐生活方式上与网络文学作品的调性相契合。比如以下具有很大市场潜力的文学创作内容就特别适合网络剧的开发，一些连载几年的网络小说往往具有庞大的粉丝群体，这就保证了影视剧开发的市场基础。举例来讲，由爱奇艺与欢瑞世纪联合打造的自制剧《盗墓笔记》2016 年 1月播出，每集投资额达到 500 万元。

网络文学作品的影视改编包括电影、电视、网络剧三种形式。近年来比较火热的《芈月传》《诛仙》《花千骨》《何以笙箫默》《鬼吹灯》《盗墓笔记》《欢乐颂》等都是网络文学作品内容进行影视剧改编和市场化的代表作品。

由于在互联网内容创作平台上已经坐拥足够的用户基础，许多网络文学作品的商业化并不仅仅停留在影视剧改编、制作的层面，很多优质的内容通常会不断衍生其产业链，对作品进行不同形态的版权的制作，包括小说、漫画、网络剧、电视剧、电影、游戏、手游甚至后续商品开发等，最后形成具有品牌价值的生态系统，进行持续化的内容生产、再开发和商业化。

我们认为，内容生产者提供的一定是有价值的内容，通过价值才能传递给消费者有用的东西，有价值才能够定价，才有商业化的可能。像如涵电商和中樱桃这种规模化的、从行业角度出发的整合资源、重塑产业链、制定规则、探索未来模式的第三方服务型企业是新的经济社会现象催生的景象，也是互联网平台逻辑的重要组成部分。不过，还有一种基于大的互联网平台本身的内容创业者，在互联网平台上提供一种价值，解决一个痛点就可以成为内容创业者，这种例子的典型有各个内容生产平台的直接打赏，上文已经提到，此处想要讨论的是淘宝电商平台上的内容创业者——淘宝达人。

淘宝达人是指入驻在淘宝的自媒体、KOL（关键意见领袖）、红人等各种角色的总称，其定位是一个能产生内容、能为平台做导购服务的有温度的中介渠道。本质上来讲，由于电商平台越来越大，搜索成本逐渐增高，淘宝达人扮演的就是根据自身的优势、特点和专业服务能力扮演一个整合和筛选的角色。他们凭借自己专业的选品能力，为消费者解决了选品困难的问题。在一个细分市场，通过个性化的推荐，更垂直地深套到用户，从而帮助商家带来精准的力量，实现销售转化。

在淘宝达人的体系内，以淘宝达人体系为底层已经建构起来一个内容电商的生态闭环，其中参与者包括平台方、KOL、商家和消费四个部分，由于KOL，也就是淘宝达人的这一套体系，整个闭环内的各个方面都受到了积极的影响。对于平台而言，内部的流量得以再分配，在算法无法有效解决流量分配不均之前，通过淘宝达人实现了更为精准、个性化和转化率更高的分配。同时也容易把外部平台的流量引入自身平台。对KOL而言，一方面丰富了自身的渠道，获得了更合适的、更为直接的入口，变现更加容易；另一方面达人的管理更为团队化和专业化，可以持续地输出优质内容，形成良性的循环。对于商家而言，在具有大数据分析能力的基础上，通过淘宝达人专业化的分析和推荐，店铺的运营从销售思维转化为社交思维，从传统的卖货型的商业模式改变为以人为重的卖服务的思维方式。对消费者而言，首先改变的是其消费路径，从单纯的购物方式改变为从场景中、从与淘宝达人的社交关系和喜人关心中进行消费，降低了购买的成本和风险，提高了服务体验，可以更高效地获得个性化的产品和服务。

淘宝达人的产生，是在移动端流量碎片化加剧、消费者分散、选品困难等现实情况下，通过提供优质的专业咨询类内容，重塑消费者的购买决策的路径和思路。通过内容的整合和机制设计，从需求侧到供给侧和平台方等都加速了其调整适应新思维、新逻辑的步伐。

4. 内容生产重塑意识形态的新路径

在内容创业轰轰烈烈地开展的背后，其实是消费者内容需求在互联网平台时代的发生、重塑和新型需求的产生的过程。同时，一大批商业嗅觉敏锐的创业者瞄准了这一市场开始进行规模化的探索和尝试。在此过程中，各种商业模式被创新出来，根据上面的分析可以看到，新的需求伴随新的商业模式的开拓，其实是在重塑产业逻辑。

对各个传统产业的重塑过程目前才刚刚开始，但这与互联网＋不同的是，他们不是从传统产业的角度进行互联网化改变，而是从互联网平台的逻辑出发，反推过来倒逼原有的产业逻辑的变革。下面，我们从一个汽车行业的内容创业出发，看其创业的过程是如何一步步改变、推动新的变化的。

我们一再强调互联网平台时代，微力量正在崛起，这是从逻辑的变化上讲的，具体到实际的操作运营和商业探索方面，其难度并不小，这也是传统媒体无法轻松切入的原因所在。根据新榜联合头条号和插坐学院 2016 年发布的《自媒体人生存状态调查》显示，自媒体人生存压力偏重，收入状态相比 2015 年而言整体都有所下滑，超 80% 的人收入不足 1 万，70.8% 的人收入在 5 000 元以下。

在内容创业领域，需要的仍然是投入量，是资本、人力、资源等多方面的大量投入，当然更重要的是我们反复强调的对于互联网平台时代的新逻辑的接受与应用创新。我们接下来以一家财经类的内容创业团队为例，探讨其内容创业过程中的思路和不易。

互联网创业平台的兴起给内容创业团队提供了绝佳的平台，平台好像高速公路，这些内容创业者就是高速公路上开汽车、跑车的赛车手。有财经自媒体人谈到，"以前做一家媒体几乎是不可能的，没有背景、没有爹、没有妈，靠自己是不行的，今天我到今日头条申请一个号、到搜狐财经申请一个号、跟企鹅财经也申请一个，就变成了财经自媒体"。

互联网平台给内容创业者提供了基本的平台，但是内容创业并不容易，需要的仍然是坚韧的内容创业精神和付出。并不是跟风尚，到处抄袭的野蛮生长。长远来看，在平台政策、市场发展的过程中一定是"良币驱逐劣币"，最后剩下的是真正有价值的内容创业者。

通过生产优质内容，面包财经正在聚合起庞大的用户群，接下来所进行的商业化探索的成功率也是可以期待的，这是从做内容的专业精神和受肯定的程度而言的。其在创业的过程中能走多远，我们无从得知，也不能妄作判断。但应该引起我们继续思考的是，一个九个人的团队在互联网平台时代，通过自己的专业不断创造优质内容，聚拢用户，其产生的影响力和传播力也远超过传统媒体动辄几百人的机构设置、流程安排，单在效率层面就已经高下立判，传统媒体的竞争力下降是必然的，优胜劣汰在政策的调整过程中会很快出现大规模的传统媒体产业的调整。更为重要的是，新的互联网逻辑也正在以更为有效的方式替代传统媒体承担的舆论宣传、意识形态宣传的工作。我们通过近两年火起来的一部动漫来看意识形态宣传是如何俘获年轻人群体，以新的方式、新的平台、新的盈利方式替代传统媒体产业逻辑。

《那年那兔那些事儿》是由国内军迷网友"逆光飞行"所创作的著名时事漫画，从 2012 年漫画出品起便吸引了大量粉丝。漫画将中国近现代历史上的一些军事和外交的重大事件以漫画的形式展现出来，属于典型的爱国主义科普读物。

不久，《那年那兔那些事儿》被改编制作成为网络动画，由中国动画公司厦门翼下之风动漫科技有限公司制作。第一季于2015年3月5日播放，全12话。第二季于2015年8月播放，已于2016年4月15日完结，全12话。番外篇于2016年7月开播，全5话。第三季于2016年9月30日开播，正在连载中。

该剧第一季主要讲述了一群兔子和其他生物们在蓝星上发生的故事。以兔子为主线，故事从兔子家——古代种花家（中华家的谐音）的兴衰讲起，到兔子们打败秃子，创立祖国，到和鹰酱斗争、毛熊对抗，再到后来历经磨难正在腾飞崛起等一系列事件。第二季讲述了一群兔子由于被封锁而与很多第三世界的河马做伴，在冷战的夹缝中求生存，并重新回到世界舞台，与鹰酱毛熊重修旧好的故事。番外篇内容为第一季未出现的朝鲜篇的完整版，作者的怨念在此得到了解脱，并带着幸福并感激着的心，再一次带各位重温那些最可爱的人。

故事中出现的各种动物形象代表不同的国家。每集不到10分钟的动漫清晰明了地讲述了种花家的历史和故事，形象鲜明有趣，故事栩栩如生，用种花家代表中国，用兔子、秃子、白头鹰、毛熊、脚盆鸡等分别代指中国共产党、中国国民党、美国、苏联、日本等，借他们之间的恩恩怨怨和各种故事，叙述了中国近代史各种主要节点和事件。

《那年那兔那些事儿》的多数剧集都具有相似的叙事方式：前

动物化形象	象征国家/地区
兔子（小白兔）	中国大陆
秃子	台湾当局（注：兔子与秃子谐音，亦象征两岸同文同种）
种花家	"中华"的谐音，象征中华民族（不分政权）
白头鹰	美国
毛熊	苏联
大毛	俄罗斯联邦（苏联解体后）
二毛	乌克兰
三毛	白俄罗斯
牛牛（约翰牛）	英国
公鸡（高卢鸡）	法国
老虎（汉斯猫）	德国
白象	印度
脚盆鸡（蒙面小偷）	日本（自称鹤，管兔子叫"赤兔"）
羚羊（巴巴羊）	巴基斯坦
狮子（波斯狮）	伊朗（霍梅尼执政后）
胡子骆驼（傻大木）	伊拉克（萨达姆·侯塞因时期）
王冠骆驼	伊朗巴列维王朝
包头巾骆驼（沙隆巴斯）、狗大户	沙特阿拉伯
河马	非洲诸国
"坦"字河马	坦桑尼亚
"卡"字河马（卡大佐）	利比亚（卡扎菲政权）
疯鸭大叔	乌干达（阿迪·阿明政权）
鳄鱼	古巴
猴子	东南亚诸国
红星猴子	越南
回民帽猴子	印尼
袋鼠	澳洲
"红星军帽"棒子（北棒）	朝鲜
"美式钢盔"棒子（南棒）	韩国
大白鹅	南斯拉夫联盟
小白鹅	科索沃
胡子猫	奥匈帝国
戴胜鸟（阿戴尔）	以色列
蛇	漫画作者
老奶奶	作者的奶奶

《那年那兔那些事儿》动物形象比对图

《那年那兔那些事儿》动物形象群像

三分之一的时间段主要是以滑稽逗趣的方式"卖萌"，当时间轴行进到三分之一的时候，开始展开催人泪下的"虐心"，引发观众对历史共鸣的同时，把爱国主义教育和对民族历史的认同推到高点，而等到进度条剩下最后三分之一的时候，兔粉的爱国热情将被慷慨激昂的片尾"点燃"，开始播放真实的历史图片，并配以文字解说，把动画要传达的历史故事和事件进行总结和解释。

《那年那兔那些事儿》的片尾不是动画，而是滚动播放若干张历史照片。这些有意挑选的照片会与各集动漫讲述的历史事件形成呼应，配上片尾字幕对照片内容的介绍说明，近一步强调《那兔》的历史叙事的真实性，进而强调兔子与中国的对应关系的一致性。与这些照片同步播放的，是片尾曲《追梦赤子心》，Gala 乐队激情澎湃的配乐和嘶吼式的演唱，旋律时尚好听，将兔粉积蓄的热血情怀彻底引爆。

整个故事跌宕起伏，内核虽然是爱国主义历史教育，但是故事本身的叙事和表达却做得非常符合当下内容需求，在故事中，要么是兔子在艰险的战斗环境中为捍卫种花家牺牲了自己的性命，要么是兔子在艰苦的物质条件下为建设种花家奉献了自己的青春乃至生命。

在许多重要的节点上，故事总是能够催人泪下，特别是在 B 站等弹幕视频平台上，观众边看边发表弹幕评论，通过交流、感情表达，观众的代入感更为强烈，有负责解说的，也有提供自己祖辈的故事的，有为国家加油的，特别是提到种花家的兔子有一个大国梦的时候，更是群情激昂，纷纷发表评论弹幕的高潮时点。比如第一季第五集，在兔子说出"每一个兔子都有一个大国梦"时，观众的热情就被点燃了，各种弹幕评论都是"每一个兔子都有大国梦"。

在虎扑论坛中，有网友发表帖子"大家觉得军事动画《那年那兔那些事儿》什么水平，把老子看哭了"中提到："本来萌萌的兔子，在艰难历史的进程中历经磨难，无数先烈抛尸异地，看得我都掉泪了。青山埋忠骨，马革裹尸还，公辞六十载，今夕请当归。"

在著名问答社区知乎上，有一个帖子名为《为什么有些人看〈那年那兔那些事儿〉会哭？是在哪些方面有所触动?》，网友 @ 快乐的李子的答案获得了 2 067 个赞，其答案为："曾经有段时间疯狂痴迷自热食品，一箱箱的 tg 军用朝家里拖。老太爷就看着我摆弄，时不时问问是什么怎么吃。过了一会老头自己坐沙发前面对着一袋自热抹眼。我过去问，得到的回答是'一个班给我一包我们也把他们干挺了啊！那时候咋就没有啊！'老爷子是第二批去朝鲜和联合国军对掐过的老兵，之后带出来的兵更是参加了共和国每一场对外作战。也许那天老爷子看到自热时候想起了倒在白山黑水的战友和炮火连天的日子……（对不起风大）"

在这一部火热的 IP 的生产过程中，基于这一动漫的网络讨论内容也越来越多，比如，在百度贴吧上，便有网友专门建立了《那年那兔那些事儿》的贴吧，目前贴吧近 10 万人，发帖数22 056 199 个。

有媒体评论称，这部"军事题材的爱国主义动画"，以其多平台的网络播放和跨媒介的品牌运营，为多个活跃而又相对封闭的亚文化圈子提供了一个趣缘扭结点，成功地将相当一部分国家主义者、民族主义者（"四月青年"）、军事迷（"军宅"）、动漫爱好者（"二次元宅"）、女性向网络文学爱好者（"小粉红"）连接在一起，整合成一个数目可观、声势浩大的"兔粉"群体。

该部动画片并不是对历史简单的理解，为了盈利而做的简单包装，其背后对历史事件的研究和表现十分严谨。B 站董事长陈睿在一次演讲中提到，一部 B 站参与制作的现象级动画《那年那兔那些事儿》，实际讲的是共产党和人民解放军发展的历史，其内容经过党史研究室监修，看似枯燥却受到大量年轻人喜爱，其贴吧热度超过了《大圣归来》和《大鱼海棠》。

在知乎上网友 @ 蒋校长探访主创团队的帖子"揭秘《那年那兔那些事儿》主创，居然这个样子……"的网友评论中，点赞最多的两条评论里说道："爱国也是个大生意""卖国①一直是大生意，现在有人竞争了。要有点危机感。"

也就是说，该部动画不仅达到了爱国教育宣传的目的，满足了相关群体对爱国这一主题的内容需求，内容生产方也获得了相应的商业回报。

相比于传统的豪华制作、耗资巨大、阵容华丽的主旋律电影，《那年那兔那些事儿》通过更少的投资、更有效的方式达到了意识形态宣传的目的。有网友写道：在《那兔》数十集短短几分钟的动漫里，我们了解了清末的丧权辱国，了解了国共的合作与内战，了解了抗日战争，了解了抗美援朝，了解了中国原子弹的艰难创造……几乎每一集都有能让每个有情怀的人泪奔的情节。

《那年那兔那些事儿》播出后，各视频网站和微博微信互推传播，主阵地 B 站更是弹幕刷到数次被自动清屏。据主创人员"逆光飞行"介绍，因为《那兔》，现在网友成立了"催更团"，即"催促更新团"之意，一大批兔粉每天期待着节目的更新。

在内容生产的方面，技术的发展也在加速整个内容行业的变

---

① 此处为调侃用语，即把爱国相关题材市场化、娱乐化，以此成为生意，即"卖国"的意思。

革。目前，人工智能（AI）的发展正在深度重塑内容生产的过程，通过人工智能技术进行内容的生产和分发目前已经有许多尝试。人工智能技术的自动化生产，可以自动获取信息进行写作，引导新闻线索的发现，驱动新闻深度和广度的延伸，提炼与解释新闻的内在规律，对内容的传播效果进行预判等。

2015 年 9 月 10 日腾讯公司旗下的新闻网站财经频道发布了一则中国 8 月 CPI 资料的新闻，题为《CPI 同比上涨 2.0%　创 12 个月新高》，文中除了列出 CPI 详细数值外，还加入了多位分析师的观点。这篇来自腾讯新闻机器人 Dreamwriter 的稿子，与普通的财经资讯新闻稿在写作方式和体裁上并没有太大差别，这是机器人开工后首次发布新闻稿，从抓取资料到成稿发布，前后仅耗时 1 分钟。

Dreamwriter 的基本原理仍是大数据分析，新闻只是腾讯探索自动化写作的第一步。未来，将会有大量的短消息稿需要机器人协助完成，财经新闻每天都有大量的经济数据要公布，比如公司财报、信贷等，机器人可以快速收集分析数据。

腾讯副总裁刘胜义在强调人工智能对媒体产业变革的重要性时指出："我们正处于一场因人工智能带来的媒体产业革命。智能化将重新塑造人与媒体、人与资讯的关系，带来新的组织形式、生产方式、产品形态，颠覆并重构媒体生态。"

除了腾讯的 **Dreamwriter**，国内外已经有许多公司针对 AI 技术进行内容的自动化生产的开发和尝试，比如 Narrative 公司、美联社、华盛顿邮报、路透社、Facebook、快笔小新、Xiaomingbot 等公司。人工智能技术已经可以深入到新闻内容生产的各个创作环节，从选题策划、内容采集到内容的写作、分发与效果反馈等方面都可以实现。

总体来看，内容生产方式的变化背后牵扯的是方方面面，不仅产业逻辑的调整被牵扯其中，意识形态的建设到底如何，根据网络时代青少年行为方式和喜好结构进行形式和内容上的创新也成为巨大挑战，《那年那兔那些事儿》作为一个典型案例为我们提供了启发：青少年爱国、喜欢历史，只是在进行爱国主义历史教育的时候应该根据社会环境的变化探索新的方式。同时，人工智能、机器写作等技术的发展变化又为内容生产带来了全新的挑战，是我们必须关注和研究的重要领域。

5. 直播内容生产带来的冲击与挑战

2016 年 5 月是互联网公司普遍认同的直播产品和形态进入激烈竞争和全面开启直播新时代的时间标志。直播的发展是伴随互联网技术和平台的发展而出现的。直播带来的信息价值及其对传统新闻业的冲击有目共睹。直播平台改变了人们获取信息的方式，整个直播全程实时化、透明化，使得人们接触的信息即时和真实。鉴于信息具备时间价值，诸如金融、股票市场的相关信息，获取越早，盈利的可能性也越大，直播可能会使得这类具备时间价值的信息更具备时效性。

再如新闻信息，也是具备时效性的，越早获取准确的信息、越早发布，新闻媒体的价值也会随之增加。直播平台使得全员能够参与到直播中，会有更多人参与到新闻现场的一线直播，通过移动端软件平台传递相关信息，新闻生产和传播的速度会比从前更快。但是由此而导致的专业价值下降和用户分流，可能也会成为直播冲击新闻业所带来的社会问题。

但是，应该看到，直播带来的挑战不仅仅存在新闻传播领域，它已由新闻传播领域为起点，波及商业、社会的各个层面，也带来了各种各样的问题与挑战。

第一，低俗内容泛滥，监管机制缺位。

内容生产的门槛降低后，大量用户原创内容（UGC）内容爆发，参与直播的人基数大，整个市场鱼龙混杂。为吸引受众眼球，众多直播平台上均出现了主播以色情、暴力等低俗内容为主题的直播，满足部分受众的窥私欲。

有的网络主播直播虐杀动物，吸引了 3 万多粉丝关注；名为"放纵不羁 123"的主播在直播平台中直接直播性行为；还有的主播酒后驾车，不但向网友直言不讳，在受到网友批评后还丝毫不知悔改。这类内容因受到部分用户的追捧，得到高昂的打赏，直接在直播平台变现，使更多人看到低俗内容在直播平台的盈利空间，造成了更多人加入其中的恶性循环。而目前政策法规的规定滞后于整个平台的发展速度，给了这类内容打法律法规擦边球的机会，车祸、造人等涉黄涉暴直播频出。一些直播色情内容的主播不仅利用直播平台的打赏功能获取暴利，同时还利用其他社交软件辅助进行色情交易，这些暴力失德行为引发了社会道德争议，增加了社会治理成本。

第二，虚假视频与散布谣言带来社会危害。

利用社交平台传播虚假视频，对互联网生态环境造成了破坏。利用虚假视频内容吸引受众关注，欺骗广大群众并从中牟取私利的行为，对人们之间的信任造成了损害，在利益的驱使下，更多的人卷入社会的不正之风。

2016 年 9 月初，快手直播平台上名叫"杰哥"的男子直播前往大凉山为村民发放善款的视频，原本的公益扶贫使得网友大方为其献上礼物，赞赏他的善良。随后，在一段名为"揭秘大凉山公益作假"的视频中，该男子从村民手中又将发放的善款逐一收回，并安排村民站在旁边表示要"继续拍"。在记者的调查了解下，发现该直播团队宣称的发放 30 000 元善款实际上不足 200 元，是利用公益的幌子为主播进行吸粉，从中牟利。而且，这样的团队不止一个。视频曝光后，各大网络主播又陆续曝出不少彼此做"伪慈善"的内幕，引起了网友热议，纷纷指责"伪公益假慈善直播"的行为。目前，当地政府部门已经介入调查。

除上述虚假直播视频会带来不良影响外，利用直播散布谣言还可能造成民众的恐慌心理，造成一定的社会动荡。此外，还甚至可能利用直播进行犯罪教唆或社会极端情绪的煽动，造成不良影响。

2016 年 10 月底，有微博网友爆料称斗鱼直播平台一主播毒瘾发作，面向 30 万观众直播吸毒，引发了社会广泛关注。上海公安机关迅速展开调查，将人在上海的涉事网络主播黄某控制。尽管经过对黄某的尿检发现他并没有吸毒，只是做出了连续模仿吸毒的动作，但仍然带来不良社会影响，违反了《中华人民共和国治安管理处罚法》，扰乱公共秩序，上海警方已经对其处以行政拘留 5 天的处罚。尽管在这一案例中，主播没有真正吸毒，但是不乏不法分子真正利用直播平台进行吸毒等内容的直播，平台上广泛的年轻人群受众易受到这类视频的影响，可能会造成难以挽回的后果。此外，还需要警惕极端分子利用直播传递不当言论，造成社会动荡。

第三，暴露信息，侵犯隐私或危害安全。

大量 UGC 内容的涌入使通过直播平台传播的信息量级迅速攀升。主播在直播的同时，存在泄露他人信息的风险，如寝室中直播可能会泄露舍友信息。再如一些直播现场突发事件的主播，可能未经他人许可拍摄到他人画面，出现侵犯他人的隐私权和肖像权等问题。

直播还甚至可能泄露危及国家安全的机要信息，随着信息化建设的加速推进，涉密渠道增多、手段更加隐蔽，对于机要信息的保护是我国国土安全的重要组成部分。但是，境外敌对势力或情报机构通过很多民众不经意间泄露出的信息进行分析，就可能得到我国的机密信息。例如当时大庆油田刚被发现的时候，很多关于大庆油田的信息需要保密，日本情报机构却根据官方对外公开播发的极其普通的旨在宣传中国工人阶级伟大精神的照片，知晓了大庆油田的地理位置、大致的储量和产量以及我国的炼油能力。根据这些情报，日本考虑到中国当时的技术水平以及对油田的需求总量，推论未来炼油设备会不足，需要大量引进采油设备，日本三菱重工财团迅即集中有关专家和人员，在对所获信息进行剖析和处理之后，全面设计出适合中国大庆油田的采油设备，获得中国巨额订货，赚了一笔巨额利润。

通过这个事例，我们可以看到一些不经意之间公开出来的文字、图片，可能会泄露国家保密的信息，虽然这个例子中没有造成更重大的损失，最终被商业利用，但是一些军事相关的保密级信息也同样可能通过这种途径被泄露，特别是直播时代到来以后，所暴露的信息会更加丰富、更加真实和实时。大量 UGC 内容的产生，直接导致不同场景和地区的信息被传播，如有不法分子加以利用，则会产生严重的后果。

第四，直播打赏引发的不良影响。

过去，粉丝通过购买演唱会的门票、专辑、电影、代言产品等方式追星，支持自己喜欢的明星或网络红人，而现在通过直播，直接给自己喜欢的人打赏，将粉丝价值直接变现，相当于直接为对方打钱。打赏虽然给了内容变现一条出路，但也同时需要我们回头思考直播打赏带来的社会问题。

例如，乘风公安分局破获的盗窃商铺、砸车玻璃盗窃系列案件中，犯罪嫌疑人马某某交代，自 2016 年 8 月份以来，其采用砖头、木棍等作案工具，砸开商铺玻璃门和汽车玻璃的方式，先后在让胡路区、萨尔图区等地实施盗窃 100 余起，涉案金额达 10 万元。这个犯罪嫌疑人时年才 17 岁，将盗窃所得都给了视频软件中的"女主播"刷礼物，有时 2 天就能刷上万元，盗窃途中受伤，竟无暇医治。相似的事件还有 10 岁男孩为给主播送礼物，偷刷打工父母 2.8 万元。通过刷礼物，用户可以获得更高的等级，也就在直播空间中有了更高的地位，在虚荣心作祟下，更有挪用公款的粉丝存在。

直播打赏实时化、透明化，粉丝之间互相攀比，争取赢得与喜欢的明星网红之间的互动，引起他人的注意，造成了偷盗等违法犯罪行为，带来了安全隐患。由于监管的制度还尚不完善，还可能存在部分用户利用平台洗钱的可能性，也同样需要我们警惕。

第五，版权管理等其他问题。

目前直播平台的大多数主播使用的素材除了少量原创内容外，很大一部分来自于受到著作权保护的作品。另外，游戏直播、体育直播、音乐直播等内容常常会涉及赛事版权和音乐版权等诸多问题，但目前版权界定模糊，相关的政策法规如《互联网著作权行政保护办法》（2005）、《信息网络传播权保护条例》（2006）中涉及的约束条例并未对直播形式进行特殊的说明，目前直播行业的版权保护尚不明晰。

第六，政府监管与行业自律双管齐下。

针对上述直播平台出现的色情、暴力、虚假视频等问题，我国政府监管和直播平台自律双向并进，突破当下直播平台监管缺位的状态。

2014 至 2016 年期间，我国"净网"行动持续进行，对直播中的内容进行监管。2016 年 12 月 16 日，全国"扫黄打非"办公室对外公布包括"江苏昆山刘某等人微信传播淫秽物品牟利案"等 8 起网络传播淫秽色情信息刑事案件和 4 起新闻客户端或网站传播色情信息行政处罚案件，震慑了不法分子。其中湖南永州"10·08"传播淫秽物品牟利案除了查处犯罪嫌疑人在微信群中传播淫秽色情视频外，还发现其在"特邀夫妻现场固定群"的 QQ 中进行淫秽直播表演。目前，犯罪嫌疑人之一的何某已被刑事拘留，案件在进一步办理中。除了 QQ 外，当下直播平台和内容都很多，对于内容的审查和监管技术难度较大，给了不法分子更便捷地传播直播低俗直播表演的机会，还需要相关部门进行持续的跟进，不断完善法律法规，严格落实审查直播主播的身份，对直播的内容进行规制。

2016 年 7 月 1 日，文化部发布了《文化部关于加强网络表演管理工作的通知》（以下简称《通知》），《通知》规定了三方面内容：

第一，督促网络表演经营单位和表演者落实责任。《通知》规定网络表演经营单位要对本单位提供的网络表演承担主体责任，对所提供的产品、服务和经营行为负责、表演者对其开展的网络表演承担直接责任、各级文化行政部门和文化市场综合执法机构要加强对辖区内网络表演经营单位的管理和培训，对违规行为追责。第二，加强内容管理，依法查处违法违规网络表演活动。《通知》规定对违规网络表演活动要进行重点查处，对提供该内容的经营单位和表演者要进行相应的处罚、列入黑名单或警示名单，并建议实施联合惩戒，强化对违法违规网络表演经营单位和表演者"一处违法，处处受限"的信用监管。第三，对网络表演市场全面实施"双随机一公开"。定期随机抽查，对投诉多的经营单位要重点监管，及时公布查处的结果、黑名单和警示名单。

2016 年 9 月 9 日，国家新闻出版广播电影电视总局下发了《关于加强网络视听节目直播服务管理有关问题的通知》，要求网络视听节目直播机构需依法持有《信息网络传播视听节目许可证》。《通知》指出，根据《互联网视听节目服务管理规定》《广电总局关于发布〈互联网视听节目服务业务分类目录（试行）〉的通告》，开展网络视听节目直播服务应具有相应资质，对通过互联网对重大政治、军事、经济、社会、文化、体育等活动、事件的实况进行视音频直播和对一般社会团体文化活动、体育赛事等组织活动的实况视音频直播所需要的许可进行了相应规定。不符合条件的机构及个人，包括开设互联网直播间以个人网络演艺形式开展直播业务但不持有《许可证》的机构，均不得通过互联网开展上述所列活动、事件的视音频直播服务，也不得利用网络直播平台（直播间）开办新闻、综艺、体育、访谈、评论等各类视听节目，不得开办视听节目直播频道。除此之外，《通知》还对直播内容、弹幕发布的格调品位方向做出了规定。

2016 年 11 月 4 日，《互联网直播服务管理规定》（以下简称《规定》）由国家互联网信息办公室发布，自 2016 年 12 月 1 日起实行，明确禁止互联网直播服务提供者和使用者利用互联网直播服务从事危害国家安全、破坏社会稳定、扰乱社会秩序、侵犯他人合法权益、传播淫秽色情等活动。《规定》还要求，互联网直播服务提供者提供互联网新闻信息服务的，应当依法取得互联网新闻信息服务资质，并在许可范围内开展互联网新闻信息服务。互联网直播服务提供者应当落实主体责任，建立直播内容审核平台，对互联网新闻信息直播及其互动内容实施先审后发管理。此外，《规定》还对互联网直播发布者发布新闻信息、用户实名化、内容储存、发布评论、弹幕等互动环节等其他方面做出了相应的规定。

除了文化部、工信部等国家监管部门，制定相关法律法规对直播平台进行管理外，行业自身也要加强自律、加强对主播内容生产的引导。

2016 年 4 月 13 日，百度、新浪、搜狐、爱奇艺、乐视、优酷、酷我、映客等 20 余家企业共同发布了《北京网络直播行业自律公约》，2016 年 4 月 13 日上午，北京市网络表演（直播）行业自律公约新闻发布会在市文化执法总队举行，百度、新浪、搜狐、爱奇艺、乐视、优酷、酷我、映客、花椒等 20 余家从事网络表演（直播）的主要企业负责人共同发布《北京网络直播行业自律公约》，承诺从 18 日起，网络直播房间必须标识水印；内容存储时间不少于 15 天备查；所有主播必须实名认证；对于播出涉政、涉枪、涉毒、涉暴、涉黄内容的主播，情节严重的将列入黑名单；审核人员对平台上的直播内容进行 24 小时实时监管。2016 年 6 月 1 日，北京网络文化协会在北京市文化执法总队召开新闻发布会，通报了《北京网络直播行业自律公约》实施一个月以来的落实情况。40 名违规主播因为直播内容涉黄被永久封禁，涉及六间房、酷我、花椒、在直播、映客、69 秀、陌陌、咸蛋家、黑金直播 9 家网络直播平台。

　　另外，不论是政府监管还是行业自律，都需要在这一过程中注重提升技术手段的应用，注重利用大数据的分析、画面的监测技术手段，来协助处理和排查相关内容。从流量上重点监测异常增长视频，利用数据鉴别技术识别敏感内容。相信随着技术手段的提升、法律法规的健全以及平台自律的加强，直播平台的内容将更加健康纯净。

第五章

网络舆情与社群力量：政治安全的新要素

1. 网络舆情：政府决策的重要参考

当前，我国正处于社会转型期和改革开放攻坚期，社会矛盾和社会风险较集中。几十年的快速发展遗留或压抑下的社会问题，在经济发展放缓时期开始慢慢浮上水面。社会问题的集中体现一方面加大了社会稳定的风险，另一方面也是社会调整的关键时期。如何把握社会动向和社会问题，关键在于对舆情的准确判断。

同时，互联网技术的快速发展和社会的网络化，使得舆情工作越来越复杂。甚至可以说，互联网成为社会舆情的主要阵地。互联网改变了人们的生活方式甚至经济的发展方式，最明显的是传播方式的变化。新时期的群众路线更体现为对互联网上群众的诉求、意见、态度和思想的把握。互联网带来的数字化使得社会舆情的重要性凸显，同时，如果能善用技术手段，可以为准确判断社会问题和舆情走向提供机会。

可以说，互联网的发展与社会转型有着非常复杂的互动关系，已经紧密结合在一起。因此，提供舆情服务的市场主体开始发展起来。舆情服务市场，主要指的是基于互联网的舆情监测、分析与应对而形成的市场。这一市场的形成应该追溯到2004年党的十六届四中全会报告对于舆情的重视。这一重视的背景是社会舆论事件和危机事件频发，是社会矛盾积聚爆发的社会原因造成的，也是社会利益分化的结果。社会利益分化与社会矛盾的集中爆发，通过互联网这一表达平台得到了放大，因而使得舆情工作显得格外重要。与此同时，互联网的发展，网民数量的急剧上升对于企业来讲也成为危机公关最为频繁的时候，这也引起了企业的重视。可以说，舆情服务市场的产生是在社会矛盾和互联网发展的基础上，政府和企业的需求催生的。

有论者称，舆情是社会心理和社会行为的集中体现，往较高层面看，舆情反映的是"思潮"，这关乎意识形态建设；往较低层面看，舆情反映的是"情绪"，这关乎社会治理和民生服务。在2013年的全国宣传思想工作会议上，习近平的讲话被视作当前和今后一个时期做好意识形态工作和新闻宣传报道的重要纲领性文献。在该讲话中，他强调"能否做好意识形态工作，事关党的前途命运，事关国家长治久安，事关民族凝聚力和向心力。随着世情国情党情深刻变化，宣传舆论工作面临许多新挑战新考验"。互联网平台的兴起对于舆论的影响具有广泛而深远的意义，舆论作为意识形态的重要表征，我们必须予以重点关注，他讲道："要强化网络新技术新应用管控，规范网络传播秩序，加大对互联网有害信息、网络谣言等的整治力度，积极引导网民理性参与互联网内容建设，实现积极利用、科学发展、依法管理、确保安全，构建理性客观、健康向上的网络舆论生态。"① 因此，对于舆情服务市场的研究具有十分重要的政治意义和社会意义。

首先，需要关注的是舆情服务市场的产业化。

近些年，舆情服务机构的数量增长非常快，许多不具备资质的机构乘虚而入扰乱了市场，一些非法机构也乘此机会为各种不同的目的混杂其中，使得这一市场复杂化。

一般认为，舆情服务市场主要分为四类主体，一类是在权威网络媒体基础上发展起来的舆情服务机构，如人民网、新华网等；第二类是从事舆情监测技术开发的软件供应商；第三类是高校等科研机构成立的舆情研究所，侧重于舆情研究；第四类是产业链后端的舆情应对和处理的公关性质的服务公司。从市场的角度看，第三类的高校舆情研究机构可以不纳入本研究的视角，其学术层面的研究

---

① 人民网：《人民日报：牢牢掌握舆论工作主动权》，http://opinion.people.com.cn/n/2013/0904/c1003-22797334.html，2016 年 4 月 20 日。

一般是传统的传播学研究、舆论学研究在互联网时代的学理上的延伸，对市场的影响不大。而第四类的公关公司是一个非常诡异的存在，从事的是披着公关公司的名义进行删帖、网络水军操作等扰乱网络舆情、违规违法的行为。随着国家对非法网络公关公司专项治理等活动的开展以及各类市场主体对网络舆情的认知越来越成熟，此类公关公司的市场影响力已经降低到可接受范围。

应该明确的是，对舆情服务市场存在问题的判断，这种分类已经不具备参考价值。因为，技术的发展和业务的成熟，使得软件开发类机构和权威网络媒体机构成为关键力量，而这两类服务机构都需要软件、数据、技术和服务整个链条，只是各自的优势和重点不同。对于该市场存在问题的判断需要从这样一种逻辑链条中把握。

对于舆情市场的理解和监管，首先需要对对象进行厘清。舆情服务的市场化和产业化有利于舆情服务的质量提升和技术升级。但是，舆情服务这一概念针对的对象应该是党政机关和非营利的机构组织。对于企业来讲，舆情这一概念并不合适，因为企业的需求和党政机关的需求是不一样的，舆情针对的是人民或公民的概念，而企业关心的是消费者，虽然关注的可能是同一群人，但是关注的侧重点是不一样的，这也决定了两者的操作思路和应对思路在本质上的差异。企业的目的非常明确，就是研究消费者的动向，及时把握危机可能出现的地方进行应对，通过数据挖掘和分析找到新的商机等。而党政机关关注舆情，更多的是了解社会层面的发展动向和人民群众的思想走向和意见建议，以针对性的、适当的工作去改善公共服务、调整政策法规等。作为国内较早开发舆情监测系统的企业，方正公司舆情产品负责人李崇纲甚至认为，正是政府的采购激活了这一市场。

对于企业来讲，舆情服务市场之所以能在前几年切入企业的公共关系内，是社会化媒体的突然兴起带来的危机事件造成的。一时不知所措的企业采用舆情监测服务进行危机事件的预警与应对。但是，这一块对于企业来讲确实太小了，大数据等技术的发展、企业本身在发展转型中的互联网＋等已经远远超出了舆情服务的层面。单纯地从危机公关的层面看，企业已经积累起了丰富的应对经验，简单的舆情监测对于企业来讲显得过于狭窄、局限了。此外，不得不说的是互联网技术的突飞猛进和舆情服务技术的相对迟缓形成了较为鲜明的对比，这一趋势也使得舆情服务机构的客户越来越局限于非企业层面。这是因为，舆情服务机构服务于党政机关层面提供的是简单的基于关键词的信息搜集、图表分析和报告输出等，对于党政机关的舆情监测需求是足够的。但对于以营利和规模扩张为目的，且急于进行互联网化转型的企业来讲，所谓的舆情服务只是非常小的一项业务。

目前来看，随着这一市场的发展，产业格局越来越清楚，有竞争力的服务机构正在快速发展，而一些浑水摸鱼的机构也越来越被边缘化。虽然这一市场的产业化越来越清晰，但是一个合适的、强有力的监管机构还没有明确、相应的法律政策还没有到位、产业本身的发展还存在许多深层次的矛盾没有解决，这些都是我们要明确的。

其次，舆情服务技术和市场的变化催生隐患和新思路。

舆情服务市场的发展是持续的，一些初期不成问题的问题可能在后期成为巨大隐患，特别是对涉及技术和数据这种较为隐蔽和复杂的新事物来讲。在我们的调查过程中，某舆情服务机构的负责人谈到："当时在2004年、2005年的时候，还不叫舆情，我们叫民情民意分析。我们觉得互联网能代表一定的民情民意，能把网上老百姓的诉求跟政府做一些智力资讯方面的提供。当时叫舆情，很多政府部门也是不接受的。"

互联网技术和数据的发展是飞速前进的，对于舆情分析从简单的文本分析和语义分析到目前针对图片、音频、视频、情感倾向等的分析技术越来越成熟，人工智能、物联网等新技术的发展也在不断拓宽舆情服务的边界，数据的海量化也催生大数据技术和大数据容量的发展，对于资源投入、人力投入和技术创新的需求也越来越紧迫。同时，一些舆情服务机构的数据库建设和分析技术的发展使其在某种程度上对公民隐私、国家信息安全等造成了隐患。一些重点使用舆情服务的党政机关由于没有法律的制约，在技术不断发展的背景下，无法明确自身业务的界限也成为一大隐患。特别是2015年国务院制定了《促进大数据发展行动规划纲要》之后，如果不及时对此市场进行规范，互联网公共数据、政府数据和其他渠道获得的数据如果被别有用心的主体获得并进行数据打通和挖掘之后，国家信息安全的隐患不可想象。"我们的数据规模越大，业务流程越复杂，这是一个手心，手背是什么？（就是）信息安全越有隐患。"一家多年服务于党政机关的舆情监测机构的负责人这样说道。

从市场层面看，一些既服务于党政机关又服务企业，不断走向市场化的舆情服务企业，对信息安全、公共安全、国家机密等存在管理漏洞。还应该看到的是，由于舆情服务行业没有行业准入标准，一些资质低劣的小企业扰乱了该舆情服务市场，恶意竞标、无法交付、误导决策的事件和隐患均存在。

2015年，习近平在第二届世界互联网大会开幕式上谈到互联网秩序建设时强调，"网络空间同现实社会一样，既要提倡自由，也要保持秩序。自由是秩序的目的，秩序是自由的保障。我们既要尊重网民交流思想、表达意愿的权利，也要依法构建良好网络秩序，这有利于保障广大网民合法权益。"舆情服务市场作为互联网空间内的一极重要力量，该市场的秩序是否健康、如何建设是我们必须关注的，也是响应习近平号召建设良好网络秩序的前哨工作。

此外，市场的发展和市场的进步也为政府部门的社会治理工作提供了新机会。互联网发展初期，各党政机关主要把舆情工作看作防范风险和危机公关。随着治理思路的成熟和技术的发展，越来越多地认识到通过舆情服务进行社会整理是更为根本的解决舆情危机的方法。比如一些省级领导对舆情监测的要求，甚至会将兄弟省份的省长、副省长动态也纳入监测范围，"主要是关注经济建设，比如最近哪个省长又会见了哪些大的客商。世界 500 强的最新动向。"[①] 这种通过舆情监测软件进行决策创新的方式是一种新思路。

网络舆情与大数据技术在近年来的技术发展过程中越来越呈融合之势。对于一些互联网大数据应用应该引起重视，不仅是像微博、微信、QQ 这些表现国人思想观点的数据平台，其实还有一些像优步、滴滴、携程网、电商平台等表现中国人行为方式、消费行为、消费习惯、经济水平的数据都能体现转型期的中国社会的真实运行状况，都可以作为一个社会管理的重要参考。

应该认识到，虽然互联网舆情服务的界限在舆情监测、数据分析、政策建议的层面，而进一步的行动主要是依靠踏踏实实的政府服务、政策改进等，也就是说，舆情服务是为了政府服务水平的提升而做的。如果政府的应对只是停留在公关层面，只会让社会矛盾近一步加剧、政府工作越来越难以开展、公共形象越来越差。

5.1.1　网络舆情服务市场的现状及风险

舆情服务是通过海量信息采集、智能语义分析、自然语言处

---

① 经济观察报：《舆情业市场规模达百亿，新进入者增多》，http://tech.163.com/11/0604/02/75M1UOTB000915BF.html，2016 年 4 月 21 日。

理、数据挖掘，以及机器学习等技术，不间断地监控网站、论坛、博客、微博、平面媒体、微信等信息，及时、全面、准确地掌握各种信息和网络动向，从浩瀚的数据宇宙中发掘事件苗头、归纳舆论观点倾向、掌握公众态度情绪并结合历史相似和类似事件进行趋势预测和应对建议。

根据舆情服务市场的发展，根据一些重要的节点性事件，大概可以分为三个阶段：

第一阶段，2004 年到 2008 年，以危机监测为主的探索阶段，以媒体的舆论监测为主。该阶段，网络成为社会热点事件的重要起源地，以 2004 年《中共中央关于加强党的执政能力建设的决定》为标志。在该报告中，舆情工作首次见诸中共中央全会工作报告，报告强调："要高度重视互联网等新型媒体对社会舆论的影响"，并提出"建立舆情汇集和分析机制，畅通社情民意反映渠道"。该项决定的提出是与社会矛盾频发联系在一起的，在社会转型时期，各种积累已久的社会矛盾开始集中爆发，网络又成为社会事件的发源地和扩大器。2003 年，发生了社会影响广泛的哈尔滨的"宝马撞人事件"，广州的"孙志刚事件"等，这些事件使得网民关注互联网的热度空前提升，也使得越来越多的互联网载体得到蓬勃的发展，互联网得到各个层面的高度重视。可以说，认识到网络的巨大传播力量的社会民众和媒体开始有意无意地利用网络平台作为利益诉求的表达平台。社会热点事件开始高度集中地在互联网上出现。

而 2004 年的中央决定对于舆情工作的重视可以说直接推动了舆情服务市场的形成和大发展。紧接着，2006 年 11 月，《中共中央关于构建社会主义和谐社会若干重大问题的决定》指出，要健全社会舆情汇集和分析机制，完善矛盾纠纷排查调处工作制度。这一规定进一步强化了 2004 年的《决定》。

第二阶段，2008 年到 2013 年，快速发展阶段。这一阶段以博客和微博两个主要的社会化媒体的兴起为标志。2008 年博客的兴起可以说是这个舆情服务行业的重要分水岭。随着博客的兴盛，草根阶层开始发出自己的声音，由网络参与主导的舆论热点开始增多，政府对舆情监测的需求开始暴涨。[①] 这一阶段的事件频发程度更甚，原因在于 2008 年的博客、2010 年的微博的兴起使得在互联网平台上人人都有一个发声的平台和机会，进入大众麦克风时代，而不是上一阶段的基于 BBS、论坛的简单形式。互联网的发展开始深刻地影响到社会和个人生活的方方面面，这样的转变是根本性的。而对于舆情服务而言，海量的信息和非结构化、半结构化数据的大量产生给舆情服务市场带来了更大的挑战。

从行政管理的角度看，大概在 2007、2008 年，各地的网管和外宣分家。2010 年左右，各级地市包括区县开始要网络舆情相关的编制。种种迹象都表明，舆情服务市场迎来了阶段性的发展。

---

① 经济观察报：《舆情业市场规模达百亿，新进入者增多》，http://tech.163.com/11/0604/02/75M1UOTB000915BF.html，2016 年 4 月 21 日。

值得注意的是，也正是从这个阶段开始，企业品牌开始遭到社会化媒体上危机事件的重创，注重起对于互联网危机事件的公关意识。舆情服务市场逐渐走出政府层面迈向政府、企业为需求主体的阶段，该市场的规模化和产业化开始成形。

第三阶段，2013 年至今，大数据技术的兴起，对舆情服务业是一次技术升级和行业转型的机会。网络舆情服务市场的基础是互联网的发展和社会数字化的程度，自 2012 年大数据的概念引入中国互联网到商业布局逐步展开，企业对于互联网的利用已经走出了危机管理的阶段，也开始不满足于简单的舆情服务，而是基于数据开发更多的业务模式和盈利模式，特别是近两年 VR、人工智能技术的发展，互联网＋、智能制造等企业转型政策的支持，一个更为广阔的空间正在逐步形成。企业开始逐渐退出舆情服务市场。据了解，业内知名度较高的方正电子也正在调整策略，把舆情事业部改名为大数据事业部，试图开展更加多元的服务项目。

2013 年国家"打击网络谣言""净化网络环境"等专项治理行动作为一项监管行动，严厉打击了尔马公司的秦火火、立二拆四等有组织的网络造谣传谣犯罪团伙，接下来的法规也逐步规范了这一市场。2013 年的这一系列事件作为一个重要转折点成为左右舆情服务市场发展的关键。

如上文所述，从这个阶段开始，所谓的舆情监测或者舆情服务开始不再为企业所重视，企业对于网络危机事件的认识和应对已经非常成熟。更为重要的是，大数据技术的进步和人工智能等新技术的发展使得企业认识到大数据之于企业发展更为重要的价值，舆情监测反而成为重要性比较低的业务甚至是附赠性的业务。

2014 年 2 月民政部正式将"舆情监测"纳入《2014 年购买社会服务指导目录》，这标志着舆情服务在政府部门得到正式肯定，成为政府采购对象。比如说，2014 年 2 月在中央国家机关信息类产品协议供货舆情管理软件招标中，人民在线成为为数不多的全线入围舆情监测、分析和应对三个品目的企业。人民在线的客户范围已经遍布中央及地方政府机关，为 200 多家（2014 年的数据）政府部门、大中型企业和 NGO 提供舆情服务，比如中共中央国家机关工作委员会宣传部、住房和城乡建设部办公厅、科学技术部办公厅、最高人民法院网络办公室、公安部办公厅等。

根据调查访谈，舆情服务机构提供的产品或服务主要包括以下四种：

1. 平台建设。这种服务模式是指舆情服务机构为需求方（主要是党政机关）进行舆情监测平台的建设，需求方从数据采集到分析都可以在自有平台上完成。服务机构主要提供平台的建设、维护和培训指导等售后服务。这种模式虽然自主性较强，但是由于服务器成本和人工成本过高，很多地方财政并不能支持。一些引用舆情服务技术设施的单位也开始由早期的自建平台模式改为外包相关服务。

2.云平台服务。云平台模式指的是服务器和数据收集等工作主要由服务机构提供，需求方只需要一个账号登录到需求方的云平台上，即可进入完成自身数据需求的定制。云平台是个什么概念呢？云平台就是舆情服务机构建一个云平台，把各种全国性的网站，像天涯、新浪等网站的数据统一采集。这一工作对于单位个体或地方政府机关来说，通过利用现有服务机构平台，节约了建设成本。舆情服务机构统一建一个池子，再把这些数据推给不同需求的客户。这些云平台的优势有很多，比如数据采集的及时性、全面性等，这些数据是每一个小平台无法独立承担的。云平台服务模式越来越为需求方所接受，既能节约成本又能得到较好的舆情服务。但是也存在弊端，比如数据安全不掌握在自己手中，比如所依赖的云平台本身的技术是否能满足需求等。相应的问题将在本报告的问题部分进行详细分析。

3.数据定制服务。这种主要是针对那些没有过高需求的需求方提供的。舆情服务机构根据需求方的诉求进行针对性的设计，需求方可以在手机客户端或者web端接受定期定时的数据报告或相关服务。

4.报告撰写服务。这类服务主要是需求方想了解一下整体态势或者某一事件的来龙去脉进行深度分析，那么舆情服务机构就会做针对性的调研、数据处理和分析、问题提炼等相关动作。

总的来看，前两种服务是需要主要关注的。除此之外，还有一些其他服务，比如：1）人员培训服务，这一块也是舆情服务机构的一项主要收入；2）数据交易，因为舆情服务机构在某种程度上也是数据公司，也会为客户直接提供数据供客户分析使用；3）基于舆情服务衍生的其他服务等。

此处需要解释一下网络黑公关是否是舆情服务的一个组成。如上文所述，该环节经过行政治理和市场发展已经不构成一项市场力量。造成把网络公关与网络监测联系在一起的刻板印象也确实与前几年的网络舆情发展现状有关。甚至有评论文章认为，行业发展初期，由于认知偏差，舆情服务与删帖、水军等不规范操作联系在一起，导致舆情服务业的污名化。

2013年9月9日，最高人民法院召开新闻发布会，公布了《最高人民法院、最高人民检察院关于办理利用信息网络实施诽谤等刑事案件适用法律若干问题的解释》。该解释第七条规定，违反国家规定，以营利为目的，通过信息网络有偿提供删除信息服务，个人和单位非法经营达到相应数额的，依照刑法第二百二十五条的规定，以非法经营罪定罪处罚。

在舆情服务业的末端，网络删帖服务甚至已经形成了一套严密的灰色产业链条："删帖已经成了一个产业链条，链条上有从事主那里'揽活'的网络公关，有充当'中间人'的删帖中介，还有直接负责删帖任务的'管理员'。通常是某些网络公关公司通过'层层转包'将删帖的任务交给'删帖中介'，中介找'管理员'帮助删帖。'管理员'是链条的末端，是网站的管理人员、网络论坛的版主等。"①

目前来看，自从 2013 年国家重拳出击打击了以秦火火、立二拆四等制造舆论扰乱网络秩序的网络公关策划公司之后，加之相关司法解释的即时出台，这类删帖、网络策划类的黑公关公司的生存空间越来越小。同时，互联网的发展以及民众对于互联网的认知都在逐渐成熟，简单地被"人造舆论"牵着鼻子走的可能不是太高。但是，必须要强调的是，在相当长的一段时间内，该类服务公司不会销声匿迹，因为市场需求始终存在，只是需求的空间在缩小。

根据舆情服务市场发展的情况看，本书认为，目前的舆情服务市场正在向两个方向发展：智库化和技术化。目前，舆情服务的市场需求的两大难点在两头，一头是技术是否足够过关，能够做好数据的收集和挖掘工作；另一头是舆情分析的能力，舆情分析不只包括数据分析或机器分析，对人的智慧和经验的要求也是极高的，因此相应的人才队伍还有较大发展空间。所谓的智库化，就是基于舆情服务软件的基础上，结合分析人员的经验、调查和知识提出深度分析报告和相应的政策建议，这类组织以媒体机构、高校机构为主，其中又以人民网和新华网等权威媒体为代表；所谓技术化，就是相应的软件开发商在技术层面在不断积累和升级，为相应的舆情

---

① 新华网：《删帖公司因风头紧拒绝接单转型做舆论应对指导》，http://news.xin-huanet.com/fortune/2015-05/23/c_127833454.htm，2016 年 4 月 29 日。

服务机构提供软件支持，成为其供应商，专注于技术领域。

在舆情服务市场上，境内的舆情服务机构是否存在外泄境内数据的风险也是一个值得关注的问题，因为这涉及意识形态和信息安全。在调查研究的过程中，我们注意到这样一条新闻："9 月下旬，有两家外企一前一后联系'谷尼'，想要'谷尼'提供舆情软件，监测国内舆情。邹鸿强丝毫没有犹豫，拒绝了外单，'舆情数据可以挖出很多肉眼看不到的内容。若提供了数据，他们就可以去深挖，特别是涉及国家公共安全事件，以及境内外在某些方面意见有分歧的事件。'邹鸿强如是说。在邹鸿强看来，境外机构通过国内的舆情公司监测国内的任何舆情国家都应该禁止，'但目前国内还没有相关的行业法律法规条文'。此外，还应该禁止国内任何一个拥有大量网民数据的网站向境外提供数据服务，'假如境外组织购买了中国网民行为数据，这在商业上乃至政治上对国内都是很不利的事'。"①

互联网上的数据越来越海量化，本身作为公开的数据，基本上用户都能够看到的，一般的技术公司都能够采集到。比如，我们的舆情服务机构可以把服务器布到国外去，国外的相关公司也可以在国内做这些动作。只是在一些具体执行或规定上有所差别。其实，如果没有相应的法律规定或技术壁垒，对于公开数据的获取与分析

---

① 网易传媒：《谷尼邹鸿强：爱国应拒绝舆情监测外单帮不上忙也绝不添乱》，http://media.163.com/15/1008/19/B5E75A9J007663L9.html。

对于境内外基本上没有太大区别。"它是避免不了，这是一个市场化的东西，比如像咱们也可以到国外买这种舆情服务，人家不见得封锁咱们，咱们花钱肯定能买到。所以现在缺少什么，缺少您这个服务边界，没有相关法律法规，是空白的，咱们要到美国买一个舆情服务，美国是一定有具体的法律法规，您的舆情服务只能提供哪个界限数据的服务，咱们与舆情服务相关的法律界定就差一些，如果没有边界，我们提供的报告就涉及跟国家安全相关的一些内容。"有受访者如此讲道。

总的来讲，对于舆情服务机构的规范来讲，必须有相应的市场准入门槛和法律法规的规定。特别是对于与政府部门合作，掌握机密信息的舆情服务机构进行重点关注。而对于互联网公开数据的信息安全而言，在某种程度上已经脱离了舆情服务市场的范围。

5.1.2　舆情服务市场的现存问题

一是数据采集量不足，数据来源渠道过窄。

很多舆情服务机构不具备足够的数据，其能够搜寻到的都是一般的公开性的数据，比如新闻资讯网站、电子报、论坛、博客、贴吧、问答网站、政府网站、电子商务网站等这些普通网民可以直接获取信息的地方，也就是说没有信息壁垒的公共性内容。即便如此，由于服务器资源、人力资源、技术等方面的限制，很多舆情服务机构在数据量的采集和积累方面也存在很大的差异。比如有些机构声称能够采集到微信内容，其实只是微信公开的微信公众账号里的内容，而且由于微信公众账号数量过多，很多舆情机构也不能做到全采。

互联网上到底有多少数据，这是互联网丈量的问题。即便是像百度这样大型的搜索引擎公司也只能做到静态页面、大概三四成数据的采集。所以，对于舆情服务机构而言，评价其数据源是否足够，应该看其能够解决客户问题的情况。也就是说，漏采不可怕，可怕的是没有发现问题。没有哪家企业能够保证采集到全网数据。针对客户需求，数据采集应该做到快、全、准。只有数据层面做好铺垫，后续的分析工作才能有效展开。数据采集好像做饭的米，接下来的关联分析就是消化的过程，而后续的报告呈现和问题提炼则是吸收的过程。所以，如何判断舆情服务机构是否在数据来源上或者说数据采集层面过关，一个非常简单的方法就是看该机构的服务器数量和人员投入数量是否足够，是否能够满足客户的舆情需求。

二是技术门槛低，技术创新动力不足。

舆情服务市场的首要问题是市场门槛过低，对技术没有硬性要求，这就导致市场竞争混乱，舆情服务质量良莠不齐。甚至出现过一家技术类企业的几个技术人员从公司离职以后，自己搞了一家公司，就变成了老东家的竞争对手。其实，整个公司什么资质都没有，但人家照样走。像类似企业徘徊在市场的灰色地带和边缘地带的案例不算少。据报道，在 2012 年，全国就有 93 家企业 104 款网络舆情系统通过国家工信部"双软"认证许可。对于此类公司的把关可以通过工信部软件司做部分把关，可以把软件司的认证看作第一关，进入这一关之后的企业再进行其他资质的审核，而没有通过软件司认证的舆情服务机构则不能提供相关服务。

上面举的例子是不符合市场资质的企业扰乱市场，技术不过关导致的。同时，也不能对比较符合舆情服务需求的几个主要的市场参与者的技术问题掉以轻心。因为，舆情服务市场的技术归根到底是数据技术，是与互联网技术整体发展紧密联系在一起的。一些新的技术突破已经出现了，如果舆情服务行业还停留在旧技术、旧模式的幻想中，就会严重影响国家的舆情监测和信息安全工作。比如，虽然近两年，云平台建设较受欢迎，但是云平台的建设对于技术和资源的需求都是非常高的。所以，对于处于一流行列的舆情服务机构而言，也应该加强与其他互联网技术类公司的技术交流，不断投入资源、人力进行技术创新。

三是舆情分析人才匮乏，舆情报告质量堪忧。

党政机关对于舆情的需求是非常巨大的，在舆情服务的链条中，舆情分析是特别重要的一个环节。舆情分析是否能够准确地反映真实情况、找到核心问题是舆情工作的关键。可是，由于舆情分析类人才的缺乏，很多舆情报告、研判的立场角度等都存在较大偏差。舆情分析环节成为一个难题。

市场上确实有人民网和人社部合作推出的舆情分析师培训项目

等，但是由于这些培训过于商业化，对于人才资质的审核存在很大问题，这与分析人才的需求往往产生很大的脱离。为什么会出现这种情况？在我们的调查过程中发现，比较常见的解释是成本过高，往往一个高质量的报告需要投入的人力、物力和时间是相当长的。一个报告需要编辑、分析师、技术人员甚至策略师等，而且舆情报告是一个滚动连续的过程，不是一个报告结束了舆情关注就结束了，这也反映了舆情工作本身确实是"硬骨头""良心活""干货"，对经验和时间的要求很高，真正做好这项工作需要很大的资金和人力的支持。这也反映了一些上市公司不得不拓展企业服务、拓展服务项目的市场现状。

舆情分析工作并不简单，不是通过简单的几天培训就能上岗的。谈到舆情分析人才时，几乎所有的受访对象都提出舆情分析工作是一项需要文理兼备，传播学、马克思新闻观、心理学、数据分析能力、社会学等多学科多领域能力联动的工作。人是解决所有问题的关键，除了在此方面的一些外包工作之外，加强培训工作、着力培养未来人才、加大薪酬待遇吸引高素质人才是关键。此类人才的引进可以向商业咨询行业着力。

四是蓄意操纵网络舆情的市场力量开始出现。

随着舆情服务市场发展越来越成熟，这个市场本身开始生发出许多新的问题。比如说，相关舆情服务机构与政府部门之间进行利益串联，欺上瞒下、扰乱政治决策等现象开始出现，必须予以关注。还有一种是地方为了商业利益，乱报舆情，故意夸大，结果劳神费力。这都是舆情市场发展过程新出现的不正之风。

上文分析道，网络公关的市场影响力已经式微，但是这不妨碍一些机构甚至政府部门进行机器灌水、稀释舆情，企图遮掩是非的违规行为。

近期，国家执法部门破获的一起案件对此特别有启发价值，"一个以'中国维权紧急援助组'为名的组织长期接受某外国非政府组织等7家境外机构的巨额资助，按照这些境外机构设计的项目计划，在中国建立10余个所谓'法律援助站'，资助和培训无照'律师'、少数访民，利用他们搜集我国各类负面情况，加以歪曲、扩大甚至凭空捏造，向境外提供所谓'中国人权报告'。同时，该组织通过被培训的人员，插手社会热点问题和敏感案事件，蓄意激化一些原本并不严重的矛盾纠纷，煽动群众对抗政府，意图制造群体性事件。"[1] 类似这样的境外非法组织，对于在网络上罔顾事实、制造错误舆论，也许并不需要正规的舆情监测软件，仅仅是人工发帖就能挑动转型期社会的许多敏感神经。

总之，不管是境内还是境外，对于蓄意操纵舆情、左右社会舆论和政府决策的行为一定要高度重视。对于这类信息的获取更多地

---

[1]　新华社：中国执法部门联合破获一起危害国家安全案件》，http://www.legal-daily.com.cn/zt/content/2016-04/13/content_6584940.htm?node=81298，2016年4月22日。

依赖相关部门和人员的业务能力和敏感度。

五是法律缺失，缺乏明确的监管部门和法规，行业自律欠缺。

首先，互联网的影响力越来越大，各个政府部门都开始行动起来管网。但是管网的依据是什么？没有法律的界限，政府机构也可能在管网的过程中游走在违规的边界上。所以，针对舆情服务市场的发展，应该有一个专门的法规进行规范。但是，该法规并不是独立的，而应该是建立在一个更为宏大的法律背景之上，即针对数据安全或信息安全的法律。技术的发展和商业实践的进步，要求必须要有一个相应的法律法规。

其次，缺乏明确的监管部门和法规。各个行政部门有舆情服务的需求，各级党政机关及其下属部门都有舆情服务的需求，在这种情况下，谁来监管舆情服务市场就成为一个重要问题。应该说，最合理的监管部门应该是网信办。唐绪军认为，中国互联网前二十年的发展，处于"九龙治水"的状态。现在中央网信领导小组充当了联合作战指挥部的角色，要按习近平总书记的要求，把互联网这个最大的变量变成最大的正能量，这需要各级党政领导干部热情地拥抱互联网。

再次，缺乏行业自律。当舆情服务市场成为一个产业的时候，行业自律就变得重要起来。2014年，人民网舆情监测室、中国社会科学院新闻与传播研究所中国舆情调查实验室、复旦大学传媒与舆情调查中心联合发起《网络舆情研究阳光共识》。这说明，舆情服务行业已经意识到行业自律的重要性。行业自律的形成，不仅可以实现自我监管，还能促进行业交流、技术进步和协同发展。但是，该共识对还处于发展较为混乱时期的舆情服务市场显得有些苍白，效果有限。对于舆情服务市场的自律，可以通过在互联网协会建立新的工作委员会（比如舆情服务业工作委员会）来统一协调。

六是舆情服务行业存在信息安全隐患。

从舆情服务市场的角度看，目前该行业在信息安全方面存在两个主要隐患。一是掌握舆情监测软件的低质公司不具备信息安全意识和保密能力。对于这类隐患依然需要设置市场门槛，把从事舆情服务的企业进行集中管理，设置白名单、进行业务范围的规定。二是一些舆情服务公司业务范围过多过杂，导致信息出口过多，很难保证从党政机关甚至是一些保密部门获得的数据没有挪作他用或遭到黑客攻击的风险。比如有些公司是上市公司，这就要求业绩的持续增长，如果在财政预算无法保证其增长的情况下，必然会把业务拓展到市场上，这就加大了信息安全的隐患。如果服务器共用、云端共用的话，有些涉及国家信息安全的信息就容易被不法分子获取，物理隔绝是必要的。

5.1.3 关于舆情市场的治理建议

综合上文所述，对于舆情服务市场存在的问题，必要的监管措施和促进其良性发展的政策显得越来越重要。除了在第二部分"问题"部分已经提出的针对性的解决措施以外，最为重要的是如何规范该市场的具体问题，也就是说如何设置市场门槛，保障舆情服务质量、促进该行业健康发展、保证国家信息安全。

一是设置市场进入标准，驱逐市场劣币。

舆情技术与服务是必须依托互联网大数据计算、挖掘和分析为基础来进行的，必须保证企业有从事大数据运算的实力。要促进这个产业更好更健康的发展，建议在技术、人员、服务等方面围绕大数据运算能力的角度做出标准。

技术上需要考虑企业是否真正具有提供大数据运算的能力。这里有几点可以考量：A.是否有足够的运算资源投入，服务器或者云服务器的投入量通常要达到 500 台以上的规模；B.有大数据方面的技术架构，可以从相关专利和著作权方面考量；C.专门的机房场地投入及运算能力能力的第三方证明或行业机构证明。

人员方面，需要具有一定规模的专业舆情服务团队。简单从正编人员数量上讲，至少要与所服务的客户数量成正比。从人员技术水平、业务水平等角度考虑，应该从学历和从事舆情工作的年限进行考虑。对于需求方来讲，在我们的调查中，基本上需求量大的客户都有舆情服务机构的驻场人员，比如经过测算邦富软件几乎有四分之一到五分之一的工作人员长年驻扎在客户处进行贴身服务。

服务方面。A.企业需要拥有对应行业的服务经验，服务级别越高，所需要的大数据分析范围也越广，对经验和能力的要求也就越高；B.舆情技术产品的使用各家各有自己的特点，需要有专门的培训体系和培训产地。培训上通常需要有政府机构的认可或授权；C.通常需要有支持本地服务的能力，可以考核各地的办事处分布情况。

资金方面。如上文所述，舆情服务是一项实打实的工作，是否能准确地预判舆情态势是关键。如果要达到此要求，在服务器的数量、人员数量、资金储备等这些最基本和最硬性的指标进行规定是必然的。因此，根据其服务客户的数量和规模对其资产状况和现金流进行评估是招标单位或者说主管单位必须要考虑的。

针对以上具体建议，在落地实施方面，建议从两方面着手：第一，把上述相关内容写进针对舆情服务业的法规之中，以此法规作为规范市场的准绳；第二，由网信办牵头，制定舆情服务业的技术排行榜和各级党政机关可招标的企业白名单。在排行榜和白名单的制定过程中，为确保市场与行政的平衡，建议由相关技术单位提供一个有公信力的指数，再由网信办、相关协会、公司代表等组成评审团对各个市场参与主体进行审核，除了书面审核之外，还要深入现场，对报送单位进行实地考察，评估其资质。

需要注意的是，无论是具体规定还是相关指数、排行榜、白名单都需要根据市场和技术的变化不断进行调整，可以两年为单位进行排查更新。

二是舆情服务市场的管理原则。

市场准入门槛的规定在很大程度上是为了把不具备舆情服务资质的企业排除出市场，以避免"劣币驱逐良币"的情况发生。针对具备舆情服务能力的企业，则应该在其业务内容方面进行规定，已保证其信息安全。管理原则如下：

首先，集中管理原则。因为舆情服务行业比较敏感，因此需要根据上述的白名单进行集中管理，白名单也是作为各级党政机关、各个部门进行招标的依据。通过白名单，集中管理可以较为方便地做到。同时为了保障其市场驱动下的技术创新，偏市场化的排行榜和相关协会的技术交流与创新活动是必要的。

其次，二元治理原则。二元治理原则是针对舆情服务企业既服务于党政机关又服务于市场化的企业这一现状和隐患而言的。针对存在这种情况的企业进行排查，并要求其进行业务分离，也就是说在技术上可以互通，但在数据和业务层面不可互通。一方面，进行业务剥离后可以针对党政相关的舆情业务成立专门的事业部或分公司，保证专门的服务器等相关运算资源的独立性，必要时需要建设物理隔绝设施；另一方面，市场和行政两块业务的分离既有利于信息安全的保护，也有利于市场化竞争推动的技术革新反哺行政性业务。同样，对于新进的舆情服务类机构也应照此规定执行。

这一规定可参考《财政部关于引导企业科学规范选择会计师事

务所的指导意见》的相关规定："境外上市企业，金融、能源、通信、军工企业以及其他关系国计民生的大型骨干国有企业，应当优先选择有利于保障国家经济信息安全的我国大型会计师事务所提供相关服务。"①

三是尽快出台配套的法律法规。

针对舆情服务市场存在的问题，我们建议网信办以行政规定的形式出台，规定首先明确该市场的监管单位为网信办，并针对该市场的相关问题进行规定的具体设置。如果单纯针对这一领域制定法律，目前看还没有必要。但是该市场可以依据的法律又相对空白。比如，有受访者甚至认为，技术性标准并不重要，法律法规标准才重要，我国相关的法律法规空白太多，滞后也比较厉害，比如数据应用与数据交易侵害公民隐私，执行相关的法律法规民法也存在不痛不痒、屡禁不止等很现实的问题。舆情服务也是一个数据，在观察体验这个行业的时候，可能最相关的就是相关的法律法规不健全。所以，应该有一个超越舆情服务行业，针对数据安全、国家信息安全的法律出台。据悉，国家发改委正在制定相关的针对大数据行业的法律法规。相应的法律可以参考大数据行业的信息安全方面的法律条文。

---

① 国务院：《财政部关于引导企业科学规范选择会计师事务所的指导意见》，http://www.gov.cn/gongbao/content/2012/content_2084247.htm。

2. 网络亚文化与青年政治生态的演变

互联网平台带来的商业形态、政治生活、社会行为模式的变迁，是一场整体的变革。对于政治安全而言，其中需要尤其关注的是青少年的变化。在青少年的变化中，对其行为方式的变化中需要特别考虑文化的变化。在互联网时代，青少年文化的变化特别表现为互联网文化，这是从未有过的大众文化表现。青少年的网络文化是怎样的，需要认真研究和对待。这是一个国家意识形态建设、政治生活良性有序的保证。

2015 年的《90 后常用 APP 使用行为洞察报告》统计指出，90 后青少年最常使用的社交 APP 分别是微博、QQ 空间、百度贴吧，最常使用的视频直播 APP 则是哔哩哔哩动画、AcFun 动画网站、芒果 TV、斗鱼 TV、游戏直播网站。不仅仅是他们使用的社交 APP，青少年的网络群体也呈现出特色鲜明的兴趣集群。譬如青少年偶像（EXO，TFboys，鹿晗）粉丝后援团组织，动漫爱好 cosplay 兴趣组织，电视真人秀节目兴趣爱好组织等等。因此，加强对青少年团体的网络生态和上网偏好研究，可以针对性地对其可能接触的意识形态风险进行引导防范建设。

整个互联网平台带来了用户行为层面的各种变化，其中不同代际的人群在互联网上也有着不同的表现，构成了丰富多彩的互联网文化，其中一些互联网文化或许还比较小众，但在未来，整个互联网文化将会成为主流文化中不可或缺的一部分。

5.2.1　青少年网络文化的成因

从较为宏观的角度来看当下的互联网文化，我们可以从成长红利入手进行解读。该词由申银万国证券传媒与互联网行业分析师贺华成在研究报告《从非主流到 AB 站：80、90、00 后亚文化属性演替与互联网投资策略》中提出。代表着人均 GDP 增长率（向后五年移动平均）与人口出生率增长率（当年）的差值。即父辈财富创造能力与子代资源竞争格局的差值，用来衡量代际资源禀赋。

根据国家统计局数据，自 1980 到 1984 年，我国人口出生率均值为 2.0%、1985 到 1989 年为 2.2%，而 90 后人口出生率均值为 1.8%、00 后为 1.2%。同期 80 后出生人均 GDP（PPP 调整、城镇化调整，下同）2 200 国际元①，90 后为 5 000 国际元，00 后的 10 000 国际元，10 后 20 000 国际元。80 后人均 GDP 与出生率负剪刀差达到代际人口最大值，成长红利最低。而 95 后则开始全面享受高人均 GDP 和低人口出生率的成长红利。

---

① 国际元（Geary-Khamis Dollar），是多边购买力平价（PPP）比较中将不同国家货币转换为统一货币的方法。此处"国际元"是指"国际美元（Geary-Khamis 美元）"。

具体而言，80 后受到计划生育的影响，成长环境历经计划经济向市场经济转型的过程，在其成长过程中，特别是其成长的早期普遍人均 GDP 不高，这样的低物质生活与后期较为丰富的物质和文化生活产生了鸿沟，所见不所得使得其对生活放不开，追求形式表达多于实质的要求，其时代标签为闷骚。90 后人口出生率快速下降，大多为独生子女，成长早期与后期均存较高人均 GDP 支持丰富的物质文化生活，所见即所得、想要就可以得到的生活使 90 后非常洒脱。自 95 后开始，全面地享受到了高人均 GDP 和低人口出生率的正剪刀差红利。而 00 后出生率在这些群体中是最低的，人均 GDP 最高，红利最为丰厚。他们的物质文化生活比 90 后更加丰富，但同时也并存着孤独感，追求真实的生活，保持真实的自我。

也正是因为如此，不同时代的人群有着不一样的心理追求，有着不同的价值观和不同的消费特征，也由此形成了不同时代的文化，产出了不同的产品与商业模式。以 90 后为例，他们已经开始享受到成长红利，对生活乐观，充满了对未来的期待。在网络上，他们热衷于社交分享，相信朋友的推荐，应用推荐、相互挑战、攀比游戏成绩等等都是基于他们热爱分享、相互信任的一种体现，也使得多数移动端应用都注重对于社交分享这样的交互功能设计。90 后喜欢新鲜感，对音乐、视频等内容的选择没有明显的趋同性，部分产品则增加随机度以增强他们的新鲜感，90 后还不喜欢严肃的说教，在网络上形成了吐槽、无厘头的文化氛围，有趣好玩的东西成为他们的偏爱产品。此外，他们渴望得到他人的认可和表扬，这也是促进他们进行分享、互动的动机之一。

此外，我国正处于消费升级的过程当中，消费结构正在调整，拉动了消费升级，不同时代的群体也形成了不同的消费特征。例如，70 后人群的购买欲就相对保守，重视品牌。到 80、90 后购买欲上涨，甚至大于自己能实现的购买力。80 后喜欢休闲娱乐和互联网消费，而 90 后则热衷网络文化，最为重视互联网消费，他们标榜个性、乐于分享，强调个性和品质，弱化了品牌的力量。

互联网平台是上述一切网络文化的发生地，这些平台的诞生是互联网文化得以发生、发展的基础。正是因为有了不同的平台，才使得这些动态可变的互联网文化不断地发酵。我们试举例来讲述互联网平台为文化发生发展所提供的滋润土壤。

在很多人心中，QQ 空间早已成为自己"非主流"时期所使用的社交平台，但是事实上在整个社交网络中 QQ 空间依然活跃，特别是被整个 95 后群体所接受，为 95 后群体提供了一个良好的沟通互动平台。在 QQ 空间活跃用户中，超过三成以上的用户是 95 后，超过三成以上的 95 后用户是大学生。在 QQ 空间中，他们喜好利用图片表达自我，比非 95 后更频繁地分享自己的动态，在 QQ 空间发表说说的条数中，有七成的条数来自 95 后群体。他们比其他群体更热衷于分享日常心情和生活照片，分享时的状态更为随意和自在，还爱好分享游戏和动漫类的信息。时代的孤独感使他们更加渴望被关注、被认可，也从侧面说明其社会认同感的实际状态与他们的理想状态有着一定的落差，在 QQ 空间的互动之中，他们能够找到与自己兴趣相投的同样的群体，并且得到自我的满足感。95后更多地用手机登录 QQ 空间，是当之无愧地成长于移动时代的一群人，手机已经成为他们进入社交网络中最重要的智能设备。而且，他们比非 95 后更注重自己的独立空间，有近一半比例的 95 后会选择在社交网络上屏蔽自己的父母，QQ 空间这一互联网平台确实为他们提供了私密的表达自我的空间。并且，他们拥有着高强度的个性化需求，追求与众不同，在使用装扮功能的用户中超过60%的人都是 95 后，并且愿意为成为会员而付费。总体而言，QQ空间是 95 后群体在互联网中一个不可或缺的社交平台，平台方也非常重视对于该群体需求的满足，一直不断开发新的功能提升该群体的体验，增强他们的黏性，使 95 后群体在 QQ 空间中能够自在地表现自我，张扬个性，形成该群体的特有文化。再如前文所提及的网生内容商业模式正在进行变化，也离不开整个视频网站发展为网生内容提供的良好平台。我国在线视频行业近三年来以 50%的增长率高速发展，规模不断扩大，使其对网生内容的需求迅速增加，推动网生内容的快速进步，促使了其商业模式的不断完善。

　　在整个互联网平台上，产品和用户的需求变化都非常快，对研发技术能力的依赖也是非常强的。只要用户没兴趣了，企业就会被淘汰。因此要去理解互联网文化，理解整个互联网平台给受众带来的价值，了解他们的主流互联网用户的使用习惯就成为重中之重。马化腾曾经表示，自己最大的担忧就是越来越看不懂年轻人的喜好。在互联网平台上用户的需求喜好瞬息万变，95后、00后人群的需求到底是怎样的也一直是他所关注和研究的话题，并且要不断地顺应这种文化的潮流。

一些企业已经开始了这种尝试。例如，Netflix数据显示，在看完一部连续剧之后，59%的Netflix会员会给自己2.5天的空档期，其中一天用来休息。在这2.5天中，这59%人中的61%（36%的Netflix会员）会看一部独立标题的影视剧。此外，他们还发现订阅会员中很多人会在连着看完一部剧后转换品位去看一部电影，比如看恐怖连续剧的受众更愿意接下来去看喜剧电影。这些发现给了Netflix机会，通过手机、电视的联动数据判断正在观看电视剧的人喜好怎样的电影，并根据大数据模型判断他们的喜好进行相应的推送，利用数据来组织内容，正是顺应互联网用户需求的一种体现。再如Snapchat，通过了解现在的年轻人渴望挑战、喜欢搞怪、愿意表达个性的状态，发现年轻人拥有更多变化的可能，从他们身上找到需求，设计了"阅后即焚"的产品。在Snapchat上，拍摄的图片、视频可以被选择显示的时间，不像其他社交软件一样永久记录和保存用户发布的内容，使得年轻群体没有了展现自我的负担，更加乐于表现自己，吸引了13到25岁的年轻用户群体，其中女性用户占比达到 70%。为了顺应整个互联网平台上用户的发展需求，适当地改变自己的产品规则，用新的功能放宽规则，比如增设每天"反悔"一次的功能、从 10 秒阅后即焚放宽到 24 小时等等，扩展自己的用户群。

在过去，亚文化一直以来也存在于我们的生活之中，但是在互联网上，这些亚文化得到了扩大和延伸。因为互联网不但提供了亚文化群体聚集的平台，同时也给了亚文化群体甚至边缘群体发声的机会，更多的群体可以被看到、被关注，并且不断吸引相同人群的进入，形成亚文化的圈子。此外，在互联网平台上还诞生了很多新的亚文化，这都源于互联网提供给人们的便利性和聚合性。

例如弹幕文化的兴起，弹幕文化起源于日本的 NICONICO 动画，弹幕的意思是像炮弹一样的评论充斥着屏幕，国内的 AcFun、bilibili 等视频网站是模仿日本 NICONICO 而诞生的。NICONICO 动画（www.nicovideo.jp）是日本 NIWANGO 公司旗下线上视频分享网站，2006 年 NICONICO 开始提供实验性质的弹幕服务，首次将用户评论直接显示在视频屏幕上。通过弹幕，用户可以实现一种超越实际时间的虚拟时间共享，也就是说，让用户感受到和其他观众一起在观看节目的感受。现在，Niconico 已经是日本最大的年轻人社群之一。在国内，AcFun 和 Bilibili 两个网站也已成为弹幕文化的聚集地。AcFun 弹幕视频网俗称 A 站，取意于 Anime Comic Fun。2007 年 6 月成立为动画连载网站，2008 年 3 月模仿

NICONICO 推出弹幕功能。Bilibili 弹幕视频网俗称 B 站，其前身为视频分享网站 Mikufans，2009 年 6 月 26 日创建，2010 年更名为bilibili。目前 B 站市场份额已经远超 A 站，成为国内弹幕文化最主流的平台。弹幕文化的诞生不仅是互联网弹幕技术的更新带来的，同时也是整个互联网平台上二次元文化的聚集体现之一。ACG 文化起源于日本，是动画、漫画、游戏的总称，泛指动漫圈与电竞圈，而整个二次元是一个以 ACG 文化为基础形成的圈子，与真实的"三次元"世界所对应。二次元文化受到了 90 后年轻人的追捧，代表着他们对个性与自我展示的强烈诉求，顺应了新一代高人均GDP 年轻人依附的亚文化圈。

基于互联网所产生了新型的人际关系即社群，每个人都可以生活在多个不同的社群当中，而每一个社群中，人们彼此的价值观、喜好、审美情趣等有着相似之处或互为认同关系。互联网给这些相似的内容、人群提供了一个场所，让人们更为方便地在其中进行表达和展现，人们的表达更为便利了，同时也解除了地理空间的限制，使得不同地域的人能够通过互联网直接进行交流互动，更容易找到与自己志同道合的朋友，形成独特的圈子，更有助于亚文化群体的聚集。

5.2.2　理解目前的互联网文化

"二次元"亚文化

《萌娘百科》定义二次元本意是指"二维空间""二维世界"，

亦即平面。二次元的任何一个点均可由两个坐标轴（如 x 轴、y 轴）进行定位。而由于早期的动画、漫画、游戏作品（ACG 作品）都是以二维图像构成的，其画面是一个平面，所以被称为是"二次元世界"，简称"二次元"。根据艾瑞对二次元文化的定义，二次元文化指的是在 ACGN 为主要载体的平面世界中，由二次元群体所形成的独特的价值观与理念。这里的二次元文化不限于 ACGN，除此之外，还包括二次元群体从 ACGN 不断延伸出的手办、COSPLAY以及同人及周边（如海报、CD、毛巾、徽章、服装等）这些衍生产物。

二次元是亚文化中重要组成部分，主要兴起于 90 后，在 95 后人群中得到爆发式增长。其主要是基于 ACG 文化的代名词，这个群体产出的各类作品都具有脑洞大的特点。而这种脑洞在各类具有弹幕功能的产品上得到了最本质的体现。在前文所提及的 AB 站上，他们不以是否喜欢弹幕来区分用户群体，而是用户对二次元文化的理解来使得用户拥有群体归属感。二次元文化群体特别是其中的核心用户，他们看漫画、动漫、游戏、轻小说，玩儿同人、cosplay、收藏手办，除了 AB 站外，他们还多出没在论坛、贴吧、漫展活动中。而更为广泛的泛二次元用户则是关注一些热门的漫画、游戏，不会投入过多的精力和财力。当下，二次元文化已经在我国形成了一个规模非常庞大的市场。

网络平台上的二次元聚集地很多，漫画、动画方便有众多视频、漫画网站，例如一些传统杂志转型做线上平台的漫画网站如漫客、传统视频分支做动漫的腾讯动漫频道等等，还有一些是二次元原生的网站，如有妖气、A、B 站等。游戏方面也不乏二次元原创手游。此外还有多个网络平台社区，如豆瓣、萌否、半次元等等。

在微博上，也聚集了大规模的二次元用户，他们通过微博及时了解最新的动漫资讯，并且通过微博进行社交互动、作品发布以获得他人的关注。根据微博二次元用户和整体用户年龄分布的比较，可以看到二次元用户明显地呈现出年轻化的特征，其中超过一半的二次元用户在 17 到 23 岁年龄段，近 20% 的人是 17 岁以下的人群，他们是典型的 90、95 甚至 00 后。

二次元文化目前已经逐步渗入我们的日常生活中，许多源自二次元的用语已经成为网络热词，被主流文化接纳和吸收。例如"进击的××""然并卵""无法直视"等词语的普及少不了二次元文化的功劳。从这些词语的普及，我们也能看到属于亚文化的二次元文化正在逐步地走向主流文化群体的视野之中。

追星族

过去粉丝接触偶像、得知偶像资讯都是通过传统的大众媒体，而互联网的存在使整个追星群体的追星方式发生了改变。

以娱乐明星粉丝追星方式为例，粉丝的交流分享主要通过各式各样的互联网平台进行。例如，贴吧、微博等综合型交流平台，偶扑、音悦台等垂直类粉丝平台，以及微信、QQ 群等即时通讯类粉丝群组。在不同平台上，粉丝的主要应援互动方式也有一定差异。例如在微博平台主要是围绕明星艺人的微博账号展开，而贴吧主要是粉丝自发运营的社区模式，在微信、QQ 群等群组中，主要以粉丝之间互动交流为主。在为自己的偶像消费方面，传统的购买偶像周边、纪念品、演唱会、见面会门票、实体作品等仍然占据粉丝消费半边天。粉丝更多了为观看或收听偶像相关的视频、音乐而产生的付费点播、下载等消费。在互联网平台上，他们还要花费一定比例的钱财为自己的偶像进行打榜、宣传，帮助偶像造势。值得注意的是，在追星方面的消费渠道已经有很大一部分是通过电商网站 /app 进行的，60% 左右的人群都通过这种渠道进行过消费，已经超越了占比仅为 42% 的实体店渠道。除了喜欢自己的偶像发布新作品、和粉丝互动外，还有 47% 的粉丝喜欢看偶像发布搞笑的视频或者段子，这在从前是很难实现的，但是在互联网平台上，很多明星已经成为"网红"，比如近年火爆的薛之谦、大张伟等人，已经俨然成为明星段子手。

　　除了娱乐明星外，网红也成为很多网友追捧的对象。看视频和与偶像互动是他们最主要的追星方式，这些用户多喜欢看日常生活相关的视频，以搞笑和吐槽类视频为主。

　　可以说，我国的粉丝文化随着互联网的发展也在不断进行着演进，粉丝已经成为属于自己特征的亚文化群体。

网络文学

2015 年网络文学用户规模保持稳定，移动端用户规模持续超过 PC 端，网络文学也迎来了移动化时代。同年，泛娱乐产业爆发式发展，IP 热带动网文在其他领域大放异彩，电视剧、电影、游戏等均与网络文学碰撞出了更多火花，其中 IP 改变影视剧成为引领泛娱乐的热潮，新一轮粉丝文化迅速蔓延，文学、游戏及影视圈对 IP 的关注和需求进一步扩大。网络文学以其自身庞大的粉色群体及口碑成为最受认可的改编范本。

根据企鹅智酷的研究报告显示，网络文学在年轻网民中的渗透率达 73%，其中女性读者的渗透率高于男性。而男女性喜好在网络文学中差异明显，女性更爱言情类作品，男性更爱玄幻类内容，校园类和悬疑类网文读者的性别差异则较小。这些粉丝读者群体从阅读、订阅网文，到线下实体书收藏，周边购买，再到期待网络文学 IP 改编电视剧、网剧的播出，甚至部分网络文学还即将改编成电影，那时影院上座率中大部分仍然会是网络小说最原始的读者群体。在题材方面，仙侠、历史、都市、言情等网络小说在 IP 文化转变的过程中更受到青睐。这群曾经追连载的读者群体在网络文学 IP 化的过程中，自动地形成了一个带有标签的文化群体。

对于互联网文化的研究而言，青少年一定是最重要的关注主体，因为他们代表着未来的趋势和方向，也是由他们建设未来的国家和社会。了解青少年，了解互联网文化一方面可以帮助我们理解目前的变化和调整我们的方针政策，另一方面，也有利于在当先做出合理的战略布局，为将来的国家事业和社会发展做好铺垫。

通过以上的简要分析，下面我们将以较为典型的帝吧出征事件为案例进行深入分析，了解该事件的来龙去脉，在分析的过程中了解青少年的行为方式、心理特征以及互联网文化的表征和属性。

3. 案例分析：从帝吧出征看网络社群的特征

2016 年 1 月 20 日，帝吧（又称李毅吧，D8）出征境外社交媒体平台 Facebook，前往民进党主席、新任台湾地区领导人蔡英文以及《苹果日报》、"三立新闻网" 等媒体的 Facebook 主页，发布海量的 "反台独" 言论和特别制作的 "反台独" 图片、表情包，制造出视觉冲击力强烈的 "刷屏" 效果。——堪称近期最引人注目的互联网事件之一。这一事件不仅引起涉事主体的强烈反应、境内外网民的大量关注，还引起了挪威、瑞典等国大使馆的直接反馈、海外主流媒体的报道，以及境内各方舆论的大量讨论。"帝吧"（李毅吧）这个网络亚文化社群，也随着这一事件闯入了主流媒体的视野。

"帝吧" 目前是百度人气最旺的贴吧之一，截至 2016 年 1 月 22 日 13 时，李毅吧的会员数量已超过 2 090 万，帖数过 8 亿。以百度贴吧为代表的互联网社群，体现出极大的自组织性、跨平台动员

能力，以"爱国主义"出征尚且对国内网络舆情管控压力不大，若
受相关势力影响，反水围攻国家和政府，其管控压力将十分巨大。

5.3.1　帝吧出征的人群特征：泛政治化年轻网民

本次出征的帝吧，起源于球迷贴吧，因此成员主要为年轻网
民；贴吧话题主要集中在政治、军事和体育（足球），而体育多以
国家为主体，因此与国家意识形态的联系十分密切。

这一年轻人群最基本的特点是，伴随网络社区成长的年轻人，
极易受到网络情绪影响。这一群年轻人，其中包括海外留学生，受
到日常感受和媒介信息不对称的影响，产生了对现实社会的不公具
有反抗和排斥的情感结构。这种情感结构是这一群体中发展出对抗
"公知"的"自干五"群体的重要原因。

部分学者分析了这一群体的文化特征，认为帝吧出征为代表的
"自干五"群体，多属于"中间阶层"网民中的年轻人，受经济地
位和积累的限制，相对容易更受到新自由主义政策的影响。作为新
兴"中产阶级"的准备力量，学校教育、大众传媒和丰富的网络资
源不断提升着青年的权利意识。然而，正当他们憧憬着自己将要获
得"现代公民权利"的同时，却会发现资本的全球化已经在腐蚀这
个"公民权利"实现的制度框架，即使在发达国家，公共生活的空
间也正在发生显著的收缩。也有学者指出两岸三地的青年人本质上
面临着同样并不理想的生活境况。

这些阶层属性和成长经历使得网络社群的聚集着对于社会议题、国家议题有着更大的讨论热情，同时也使得相应的舆论管控带来更大的挑战。

5.3.2 帝吧出征的组织方式：社区型的连接

1. 舆论领袖来自论坛内部

相比一般的网络集结，社区的集结意在构建一种"想象的共同体"。帝吧为代表的贴吧等网络社群本身要求社区"自治"，成员以兴趣集结，吧主则通过类似民主选举的方式选择话题的资深人士。因此，与之前的网络大 V 等意见领袖不同，帝吧的意见领袖来自社群内部而非外部。由于低姿态的讨论风格，贴吧吧主与普通成员之间的整体认同和密切程度都高于网络大 V。这种联系和组织特征使得通过打击主要意见领袖来规范社区的方式变得不可行。

2. 舆论变化节点的不确定性强

网络社区的动员流程和舆论节点有着很大的随意性和即时性。首先，不同于微博意见领袖，如公知在话语塑造上的聚焦、简单、重复；社群网民的关注点零散性非常大，往往是某一事件结合长期积累的情绪引发社群的群体行动，因此舆论爆发点难以被外部监管人员所察觉。其次，爆吧虽然即时性强，但是组织性也十分惊人。由于贴吧成员数量巨大，一个号召只需一呼百应就可以产生巨大的影响。

3. 舆论动员力量强大

网络社区最大的特点是发言者寡，潜水者重。但是贴吧的生命力在于其流动性，只要始终保持一定的发帖量和流动性，贴吧就会长盛不衰。因此，贴吧的群体行动往往只需要少量主力组织参与，大量人员随手转发，就可以产生巨大的动员力量。换言之，即使是别的贴吧，仍有可能产生如此巨大的影响。实际上，据"李毅吧"吧务信息显示：李毅吧吧务团队目前共有 78 人，团队等级和分工非常明确，其中吧主 3 人，协助吧主进行吧内秩序管理的小吧主 63 人，还有负责图片、视频和语音的专职编辑，另外贴吧还有专门的吧刊，有专人运营。

贴吧的动员模式十分类似商业上所称的海星模式：海星只有五条腿，没有脑袋。海星有能够神奇再生的能力，掰掉它一条腿，它会很快长出一条新腿来，而掰掉的新腿又会长成一个新的海星。另一方面，海星的一条腿要移动，其他腿也要同意一起移动，因此他们必须要有同样的意识形态。借助同样的意识形态，看似松散的帝吧成员可以迅速形成统一的行动。

5.3.3 从帝吧出征看治理风险

贴吧为代表的网络社群并非没有争取的可能，但是短期来看，目前这种争取往往是被动的、滞后的和迎合性的。第一，由于社群不专注于时政、更不会紧跟公知的议题，因此任何时候激活时政点有很大的随机性和分散性，这既是贴吧能够出其不意引发舆论震动的原因，也使得往往难以通过议程设置等传统舆论引导方式进行引导。第二，传统公知长于文字，但是帝吧等有了新的非文字文化也就是表情图。由于沟通方式戏谑性、符号化，外部人员很难进入内部并成为组织者，因此产生直接舆论引导能力的可能性也因此降低。第三，社群的多面性和差异性。无法标签化一概而论地对待。社群涵盖全面的关注点，信源和受众都是一体化的，整体的内部反馈十分积极，传播效果十分惊人。第四，在爱国主义、民族主义等无涉切身利益的话题上贴吧等可以短期内达成较为协调一致的行动，难以被外部势力分裂。但是，在关乎年轻群体切身利益的社会议题上，这种统一往往难以达成，且容易受到外部舆论势力的干涉，对舆情管理和监控的难度都会随之加大。

因此，帝吧出征体现出一些需要迫切面对的治理风险。

1. 网络事件意识形态化倾向

近年来，微信、贴吧、知乎等社区，泛意识形态和泛政治化的色彩越来越浓厚，国家层面对于这两股思潮的引导也会变得更加复杂和困难。《穹顶之下》、加多宝事件、山东文登事件，都可以看到，参与意识形态斗争的人们特别是网民积极性越来越高，结合网民群体金字塔低端的"低龄化、低收入、低学历"结构特点，对意识形态的理性和深度讨论会逐渐被戈性表达和口水仗取代。如果这种意识形态争论搭上贴吧等社区的巨大影响力，意识形态领域的斗争强度可能会更加严重。

2.网络暴力的专业化运作

帝吧的网络暴力问题，也是来自主流文化对亚文化的长期的一种漠视甚至敌视情绪。但是这不是中国大陆的特色，香港的高登讨论区、台湾的 TPP 论坛，日本的 2ch 等，都有类似的自黑论坛。也有这样的情绪。本次帝吧之所以应该得到警惕，恰恰是因为其中的影响之大、跨平台之多、行动能力之强。尽管部分学者认为，"在许多实践中被认为是无下限的语言暴力，实际上对于参与双方来说也许并没有这么沉重。"但是，网络的巨大组织和动员力量背后，既有巨大的政治动员风险，也有巨大的商业潜力。在类似事件中，尤其警惕网络暴力的专业化运作。

知乎网友杨雨强曾介绍称：核心的爆吧成员是依托于爆吧软件的，通常与爆吧软件开发者处于统一组织，也就是产品的"核心用户"，由于拥有良好的互动，爆吧软件很容易围绕核心用户来开发，提什么要求做什么功能。尽管目前爆吧器仍然处于非盈利的状态，但是一旦同样的舆论手段被有舆论控制倾向的商业力量掌握，其后果将难以估量，甚至可能带来新一波水军肆虐的网络环境。

3.舆论争端引发的次生风险

对于可能产生的舆论风险而言，帝吧出征事件并非是一个结束，而只是一个开始。事件发生以后，国内外舆论场一度出现分裂的局面。1 月 21 日，《环球时报》、共青团中央、紫光阁、侠客岛、

《人民日报》分别就事件发表了较为正面的评论或报道。部分微信公众号或网站，如国资观察、观察者网、独家网、经略网刊等都进行了正面的跟进。但是另一方面，微信公众号 NGOCN 的《帝吧出征，数人头才是新世界的<u>丛林法则</u>》认为，社交媒体带来的依附的自由，是一种新形态的网络保守主义。《帝吧进军 Facebook——一次魔幻现实主义的十二月党人远征》一文则生成网络动员已经超越官方控制的力量。而港媒共识网则多次发文，认为大陆人民观光团展示出的迥异三观，以及极其特殊的攻击方式，非常明确地表达了自己不想讲道理；而境外媒体如金融时报中文网则称，帝吧远征军，越过墙未必架起桥。

尽管支持者的讨论较多，反对者的文稿看起来影响力和默契程度十分有限。但是双方都已经认识到这一事件对于改变中国互联网舆论生态的巨大意义。支持者将会更多致力于促进这一网络社群的发展，而反对者则可能采取更多的方式，或瓦解类似社群或打入类似社区内。因此，后续可能出现的舆论争夺的新趋势同样值得警惕和关注。

4. 民粹主义舆论风险

近日，人民论坛问卷调查中心根据关注度、活跃度与影响力三个主要指标监测评价 2015 年度思潮的变化，评选出值得关注的"中外十大思潮"，前四位分别是民族主义（9.37）、历史虚无主义（9.06）、新自由主义（8.78）、民粹主义（8.41）。虽说这份调查报告只是一家之言，但是从近年来互联网上各大舆论事件和思想思潮来分析，此数据倒不妨作为我们思考问题的一个参照。

《"帝吧"升职记：从"屌丝自黑"到"师出有名"》一文认为，近年来，"帝吧"的吧务团队有意识地谋求贴吧的转型，一方面坚持标举其草根风格和民粹立场；另一方面又在吧务团队的引导下，发生着朝往"弘扬正能量"方向发展的主流化转型。受到官方意识形态部门着力宣扬的民族主义、爱国主义，正是当今语境下网络亚文化与主流话语彼此接合的最为近便的路径。

同时也应该看到，这种民族主义的宣泄并非是短期事件的效应，而是长期的"台独"、"占中"媒体对大陆进行丑化的积累效应。近年来，在香港反"占中"、台湾"反服贸"、日本通过《新安保法案》、钓鱼岛和南海争端等国际国内事件当中，民族主义和爱国主义的"身影"频频亮相固然在可控之内。但是，这种民族主义情绪如果得不到积极的引导，往往会产生激化的民粹主义风险。

5.3.4 帝吧出征的治理对策

帝吧出征体现出的上述治理风险要求政府在治理过程中需要采用新的思路和对策，以应对这种新情况。互联网一直是外交敏感之地。在 2015 年 11 月，上海东方明珠电视塔已经对巴黎恐怖事件哀悼事件已经引发的巨大的舆论分歧。此次爆吧事件也同样涉及挪威、瑞典等使馆的网络回应，也引发了美联社、路透社、BBC、《经济学人》等外媒的关注。如果类似事件频繁发生，很可能会引起部分国家外交的警惕，同时也可能引发国内的舆论震动。因此，可以从以下几个方面对治理思路进行更新和调整。

一是密切关注网络空间中年轻人的意识形态走向。

网络社区长大的年轻人在急切寻找自己的意识形态，世界各国都是一样。尽管大陆的年轻人在这方面仍然属于混沌时期，但是其自我觉醒的影响力已经相当可怕。尽管叛逆，但是叛逆的基础上仍然来自国家的政治文化教育和九年义务教育的内容。

但是，一旦与教育脱钩，网络意识形态阵地缺少相应的引导，年轻群体的意识形态失控风险也并非不存在。就这一点而言，民进党对首投族的重视可以说是一个重要的启发。要防止防止年轻人的群体极化现象，就必须要从初高中生的网络意识形态抓起，注重研究这一群体的网络使用特征和文化倾向，与九年义务教育相配合，将这一群体的意识形态工作作为一个长远的工作来抓。

二是警惕群体极化现象，走进网络社区。

互联网商业和传统网络大 V 的舆论诉求有相同之处：抓住一点，不及其余，群体极化以催生影响力。百度卖吧事件反映出互联网企业已经开始关注类似社群的巨大商业力量。卖吧只是简单粗暴的盈利方式，尚可进行约束，但是，一旦商业性力量与有意识的舆论力量结成合作，网络社区的巨大动员力量将会有失控的风险。

帝吧出征背后并不是简单的台湾大选带来的"台独"问题，而是长时间以来经常见诸媒介的台湾媒体、香港媒体等对大陆的傲慢与偏见，一再伤害年轻人的情感结构，也塑造了他们心中狭隘的台湾形象，使得他们采取秀出自身"智商优越感"的方式来教育"台独"人群。而这种情感结构，如果不能深入网络社区，往往无法明确其动向。

三是把网络社会管理纳入社会管理创新的大框架中。

在互联网上，我们要保持宣扬中国日渐强大的积极声音，继续加强爱国主义和民族主义的教育，但对于具体的管理和引导则需要在实践中摸索创新。对于网络社群类似风险，也应该保持警惕。网络管理，不是管管论坛、管管微博、管管微信，而是要上升到虚拟社会管理的高度来管理问题。目前的形势来看，现实中存在的问题基本都在网上有反映，现实中不可能出现的动员、挑唆甚至诱导扩散，在网上也已成为常态。因此，必须从虚拟社会的高度认识网络管理和网络舆情，审视传统社会管理制度的可行之处，创新性用于网络空间治理。

第六章

网络动员与社交媒体：政治生态新格局

1. 政治安全：社会运动的全新动员模式

进入 21 世纪以来，世界范围内一系列的"颜色革命"造成多国政权更迭。其中，互联网在其中发挥的关键作用尤其明显，得到了政府、研究者、相关从业者及其各方势力的高度关注。2010 年以来，中东阿拉伯地区的"颜色革命"加剧了地区的动荡；不论是不久前的土耳其政变，还是"港独""台独"分子持续的策动，都释放出一个明确的信号："颜色革命"的风险从始至终都没有离开。

互联网平台对政治安全造成的重大影响，尤以社交媒体平台等与意识形态宣传和组织动员相关的平台为重要阵地。此类互联网平台的影响与研究以及互联网逻辑对于现实政治生活的渗透，是互联网时代为政治安全带来的重要挑战。

6.1.1　作为社会动员手段的社交媒体

伊朗推特革命

伊朗"推特革命"指的是由 2009 年伊朗总统选举所引发的大规模民众抗议，由于社交媒体推特（Twitter）在这次示威抗议中起到了至关重要的沟通与宣传的作用，因此又被称为"Twitter 革命"。事件的具体进程如下：2009 年 6 月 12 日，伊朗如期举行总统大选。13 日，内政部宣布伊朗现任总统内贾德以压倒性优势获得连任，改革派候选人穆萨维立刻表示强烈抗议，指责选举存在舞弊。上千名穆萨维支持者随即在德黑兰举行示威抗议，并与警察发生流血冲突。15 日，事态进一步扩大，百万德黑兰民众不顾政府警告，相约走上街头抗议选举舞弊。

示威爆发之后，伊朗政府一方面逮捕示威者，不断造成流血冲突，另一方面严格执行信息管控。伊朗文化部取消了在伊外国记者的证件，禁止外国记者报道与选举相关的游行示威活动；同时伊朗政府对互联网实施了实时监控，对境内网站进行严格的信息审查；另外，伊朗国内手机用户的短信服务也受到了限制。但是，此时此刻的信息封锁已经无济于事，以"Twitter"为代表的社交媒体成为内外信息勾连的主战场，既是伊朗网民主要的沟通手段，也是伊朗人民向外界媒体传递信息、发布新闻的主要渠道。由于美国政府部门的介入，Twitter 公司原定的系统升级并未如期进行，为伊朗民众的网络反抗保证了社交媒体环境。从而使得动乱愈演愈烈。

实际上，类似的骚乱并非第一次，2009 年 4 月，摩尔多瓦因议会选举结果引发争端，反对派的抗议活动一度演变为骚乱，Twitter 也成为"串联"的重要角色。虽然伊朗 twitter 革命的爆发有其深层次的历史根源和社会背景，无法将 Twitter 这样一个技术媒介作为这场革命的根本动因。但是，Twitter 在其中扮演的角色却不容小觑。伊朗 Twitter 革命最大的研究价值在于，它激活了社交媒体和街头政治活动之间的勾连关系，从而为我们了解"网络—街头政治"这样一种新型的网络动员模式提供了一个极好的范例。

缅甸藏红花革命

2007 年缅甸发生的政权动荡中，因为身着藏红色袈裟的小乘佛教僧侣是本次革命的主要力量，所以得名"袈裟革命"，又称"番红花革命""藏红花革命"。

2007 年 8 月，缅甸政府突然取消燃料价格补助，导致燃油价格上涨引起群众不满，许多参与 8888 学运的民主人士在仰光街头抗议，遭到缅当局悉数抓捕；9 月，来自寺院教育中心的僧侣也参与到示威活动中来，随后全缅僧侣联盟（ABMA）成立，要求当局道歉、释放政治犯、开启与民主运动的对话等；9 月 22 日，600 名僧侣在此次番红花革命中的著名政治僧人"国王零"（King Zero）的带领下面见昂山素季；9 月 24 日，抗议达到高潮，2 万名僧人游行穿过仰光大街、约 10 万民众汇入队伍，行间吟诵《慈悲经》；25 日清晨，缅甸军队、民兵和执政的团结发展协会联盟（USDA）开始血腥镇压，包括 1 名日本摄影记者在内至少 15 人被打死，另有 4000 人被捕。

缅甸之前发生的 8888 学运在规模上大于本次的袈裟红革命，但是后者却获得了全球范围的广泛关注，这与本地记者通过互联网实时报道、广泛呼吁、线上组织有着密切的关系。

从传播方式上看，在"藏红花革命"中，主要包括以下几种方式：

①发布现场画面。许多用手机拍摄的抗议活动现场图片、录像和目击者叙述从缅甸流出，有的上传到公民记者的个人博客上，有的通过电子邮件发送给 BBC 和 CNN 等西方媒体。同时，Irawaddy.com 等缅甸流亡媒体和 Malaysiakini.com 等邻国新闻媒体也不断用这些画面更新他们的网站。

②接受外媒采访。一些僧侣和学生通过手机接受国外记者的采访，呼吁中国、东南亚、联合国等邻近国家和国际组织关注缅甸民主运动；并希望联合国直接动用维和部队帮助成立一个临时过渡政府。

③参与线上活动。例如，缅甸民众在由 Res Publica 设立的 www.avaaz.or 和由美国境内一些维权人士设立的 MoveOn.org 等网站进行的签名活动，争取对抗议活动的支持。

④在境外建立新闻网站。例如，8888 学运人士创建的 Irawaddy 就在革命期间流亡泰国清迈；在 2008 年 5 月缅甸全民公决之前，美国国家民主捐赠基金会（NED）还宣称支持个人和团体在缅甸境外建立网络，并帮助其更换陈旧的通讯技术设备等。

虽然在 2007 年，互联网社交平台的发展还不似今天这么繁荣，在传统媒体与互联网相互作用下，也取得了相应的传播效果：

①播出煽动性的画面，影响民众情绪。例如昂山素季在家门口会见僧侣的现场画面就被公民记者第一时间发布到个人博客。

②与国际媒体合作，吸引国际关注。例如一位美国教授将日本摄影记者遭军警枪杀的视频传至 CNN 的 iReport 公民新闻频道，不到 5 分钟，CNN 的制作人便向其致电、请求准许播放该片段。

③突破网络封锁，输出国内情况。9 月 26 日，缅甸最大的 ISP（同时也是缅军政府分支机构）以水底光缆的技术故障为由切断国内的互联网连接，但是缅甸网民迅速找到代理网站 Glite 突破了官方封锁向，外输出国内情况，以流亡媒体网站 Irawaddy.com 为例，革命期间的点阅次数达到 3 000 万，是平时流量的 3 倍。因此有人将这场以信息为主导的运动称为"Glite 革命"。

埃及的莲花革命：网络青年成为主力军

莲花是埃及的国花，因而 2011 年在埃及发生的大规模政权更迭运动，被部分西方媒体称为"莲花革命"。埃及的政权更迭同突尼斯一样，是所谓"阿拉伯之春"的重要组成部分。

2011 年 1 月 25 日，埃及开罗、亚历山大等地 100 多万人走上街头进行罢工和游行示威，要求总统穆巴拉克下台；18 天后，执政近 30 年的穆巴拉克政权被推翻。在"莲花革命"中，"网络青年组织"首先在社交媒体中建立煽动性页面、聚集粉丝并得到粉丝响应，然后在线发布街头运动的时间地点、动员网友参与。虽然埃及当局下达断网指令，但反对派依然可以通过"翻墙"软件与互联网连接。后来政府封锁网络也挡不住他们。

主要的网络青年组织有以下三个：

（1）Kefaya，原名"埃及变革运动"，成立于 2004 年，是埃及不断扩大政治运动的中枢机构，是促成穆巴拉克总统辞职的为期 18 天和平起义的最为重要的组织者，其背后的是行动更加诡秘的穆斯林兄弟会。美国的国防智库兰德公司，对 Kefaya 进行了详细的研究、出版《Kefaya 研究》，总结出一套名为"蜂拥而至"的非传统政变技巧，意指年轻人通过短讯、互联网聚集在一起，会像蜂群一样听从更迭政权的命令。

（2）"四六青年运动(April 6 Youth Movement)"，成立于 2008 年，以最活跃的辩论成为 Facebook 上的主要政治团体。该组织的领导层主要由专业人士组成，包括律师、会计师和网站设计等，为首的穆罕默德·阿德尔（Mohamed Adel）曾在 2009 年飞往塞尔维亚，接受了一星期左右的非暴力策略训练。他们所采取的战术直接来自 CANVAS 的培训课程。他们多次在线上动员上街示威游行，呼吁更多的人加入他们。2011 年，因为在周年庆时转型为 NGO 或者基金会的计划未经过正常的民主程序，主流成员在艾哈迈德·马希尔（Ahmed Maher）的领导下离开组织，成立了"4 月 6 日七年运动民主阵线（The April 6 Youth Movement Democratic Front）"

（3）"我们都是赛义德（We are all Khaled Said）"，谷歌中东北非市场主管古尼姆，在革命爆发的当天创建的 Facebook 主页，用来纪念因为上传警察分赃视频而被打致死的青年萨义德。一周后，关注人数从 7.5 万暴增至 44 万，后来许多网友把自己手举抗议标语的照片上传到这个主页上形成了一股巨大的反对浪潮。

在骚乱发生时期，2011 年 1 月 27 日，埃及政府关闭国内媒体、封闭社交网络、组织短信和黑莓手机消息服务，甚至全面封锁互联网；向四大网络服务供应商发送关闭服务器指令，切断国内外所有企图了解情况的访问（最终，只有沃达丰埃及公司拒绝，但是该公司与埃及政府紧密合作，为其提供用户的详细信息，并且在抗议活动期间，发送大量支持政府的短信）。但是这并没有阻挡网上青年组织，埃及网络活动家团体"我们重建"就在瑞典设立了一组拨号上网号码，以供埃及网民通过拨打国际号码联上其他国家的数据机来实现对外联系。随后，该团体又尝试扩大拨号上网的渠道，设立了更多的国际号码。

我国台湾的"太阳花学运"

我国台湾"太阳花学运"指的以学生为主，部分团体参加的反对《海峡两岸服务贸易协议》，推动"两岸协议监督条例""立法"的示威事件。"太阳花学运"于 2014 年 3 月 18 日爆发，历时 24 天，于 4 月 10 日结束。

具体事件过程是：2013 年 6 月 21 日，两岸两会举行第九次高层会谈，正式签订了《海峡两岸服务贸易协议》，然而由于台湾内部的政治经济环境问题，服贸协议一经签署，就遭遇了颇多非议和指责。

2014 年 3 月 17 日，国民党官员张庆忠宣布《海峡两岸服务贸易协议》在审查超过 3 个月之后，依法视为已审查，并送"立法院"存查，这一决定引发了部分人士不满。

3 月 18 日晚，百余名反服贸青年不满国民党对于"服贸协议"的处理，冲入"立法院"议场，占领主席台。这些学生的行为获得了民进党主席苏贞昌等人的现场声援与支持。

3 月 19 日，事件性质发生变化。由"民主阵线联盟"等亲绿社团发起"捍卫民主 120 小时"行动，事件原本的"反服贸"诉求变调，现场开始高喊"台独"。

3 月 21 日，事件进一步扩大。民进党发起"反服贸抗争"，苏贞昌领军，蔡英文、谢长廷等民进党官员赶到台北声援学生包围"立法院"的行动，民进党要求"服贸协议"回到"委员会"进行实质审查。

3 月 23 日，马英九表示，"服贸协议"有利于台湾经济的未来发展，而协议一旦不通过，将会影响台湾的国际信用、两岸关系以及经贸自由化的努力。马英九表态，支持"服贸协议"逐条表决，并呼吁学生退出议场。同日，2 000 多名"反服贸"事件学生暴力占领了"行政院"。此后，"太阳花学运"陷入僵局，台湾陆续出现理性的声音，"反服贸"事件也逐渐式微。

4 月 10 日下午，反服贸学生退场，"太阳花学运"告一段落。

新媒体在"太阳花学运"的发起、组织和运行过程中起到了不可或缺的关键作用。主要表现在以下几个方面：前期准备阶段，通过新媒体社交平台发表一系列反服贸的意见与观点，酝酿反服贸的意识与氛围；事件爆发阶段，通过 Facebook、YouTube 发布行动信息，建立视频直播平台"Ustream"，使用 iPad 向外界直播立法院的内部状况，搭建了一个巨大的动员网络；事件持续阶段，使用社交应用软件组建新闻工作小组，建立自主发声平台，制作英文网站、参与公共论坛的问答，建立全球互助支持网络，在网络募款平台筹款、借助 App 进行工作协调与物资调配，构建了资源筹措网络。

6.1.2　街头政治运动的特征和应对困难

第一，互联网作用贯穿始终。

如果说 2009 年以来街头政治运动不同于 20 世纪末的特点，最重要的一点是互联网在其中扮演的作用。基于国家利益和经济利益的需要，西方学者、媒体和网络巨头不约而同地将这种作用描述为推翻专制、建立民主的革命性作用，试图以此制造颠覆别国的言论。抛开意识形态不论，互联网确实贯穿近年来街头政治运动的始终。近年来发生街头政治运动的国家，不论是西方发达资本主义国家，还是动荡的中东、亚洲等地区，网络的普及率都迅速提高。来自欧美的社交媒体如 Twitter 和 Facebook 成为最重要的应用软件。运动前的动员，运动期间大量的反动信息的勾连和传播都通过主要社交媒体进行，而视频软件如 YouTube 和图片分享软件如 Instagram 等则成为大量现场信息源。此外，网络议题成为纸质媒体和电视媒体的重要话题来源，网络议题一旦升温，会迅速被传播到其他媒体，因此可以接触到更大量的受众，从而为进一步行动进行舆论造势。不仅如此，网络舆论还起到给政府施压的关键作用，尤其是在代议制国家，选举过度依赖媒体动员，造成网络舆论裹挟政治决策，加剧了网络舆论的风险。

第二，街头政治发生地集中在动荡或者国际力量争夺的地区。

汇总近年来的国家和地区可以发现，街头政治运动主要发生在阿拉伯国家、东南亚地区、东欧国家、发达国家的占领运动。此外，我国的台湾和香港地区也发生了类似运动。这些地区虽然经济发达程度、政治制度等各有差异，但是却有着诸多同样的特点：各种国际政治势力的交汇地区或者本国内部政治斗争严重，为反政府运动制造了政治借口；经历过战乱、政治动荡或者经济冲击，社会矛盾尖锐，民众的反抗情绪强烈；对网络媒体的管制政策宽松，或者缺乏有效的网络媒体规制，网络媒体容易被操纵和利用；传统媒体充当反政府角色或者政治角力的工具，媒体报道无法起到正向引导舆论的作用。

第三，街头政治运动主要诉求往往是推翻政治制度。

所有的街头政治运动均以所谓民主制度为主要诉求，即使是主要以经济和民生为主题的运动最终也会落脚在制度问题。东欧地区主要体现为冷战历史遗留问题，深受颜色革命的影响；阿拉伯国家则主要受到西方国家势力的影响；东南亚等国家则是由于不同党派的争端造成政权更迭，增加民众的不满；我国的类似运动则主要是由于长期的历史遗留问题，加之传媒、教育的长期西化，以及反华力量的策动。与 20 世纪的街头运动不同的是，当下的街头政治运动主要将网络媒体作为表达所谓民主诉求的渠道。在西方发达国家，运动行动者要求政府回应网民的需求；而其他国家，运动行动者则将民主问题引向网络管理，要求政府全面放开网络，以网络促进民主。对网络的不切实际的乌托邦认识和本国网络管理之间的冲突，加剧了政府和民众观念的不可调和性，也加剧了舆论净化的难度。

第四，政府传统的应对方式开始失效。

从时间上看，各国政府普遍缺乏街头政治运动的预防机制，在网络动员阶段难以阻止信息扩散，等到演化为实际行动已经基本失控。从行动上看，要想结束街头运动，几乎所有国家和政府都不得不诉诸国家暴力。从言论上看，相比欧美等国家网络治理术的发达，其他国家消除不利舆论的难度更高。一方面，网络言论本身的消除难度极高，而本国网民以网络压制作为斗争对象，不断采用翻墙等形式突破政府的网络管理，将反动言论散播到国际社会，增加言论消除的困难；另一方面，由于西方社交媒体的垄断地位，各国政府无法对西方互联网公司实行实质管理，实际上是将言论交给了外国公司。最后，政府的任何行为都会通过网络和西方主流媒体报道，引发国际关注，造成国际舆论和外交压力。

第五，国际舆论借网络民主化的论调美化街头政治。

从国际舆论来看，西方国家政府、西方主流媒体和西方网络巨头几乎掌握了对主要街头政治运动的解释权，对反政府运动进行美化和粉饰。他们对反政府街头运动的解释和解决方案主要由两个方面构成：一是认定街头政治运动必然具有民主性和革命性，将会给一个国家带来新的制度。二是认为街头政治运动发生的原因与国家对网络的管制有关，网络管制越低的国家，网络越向欧美开放的国家，越能够尽快避免不民主境地，走上民主之路。这种将政府—民众、西方发达国家—其他网络管理国家、网络管理—民主二元对立的思维经由网络巨头的传播，在各国产生了重要的舆论煽动性，这是造成街头政治运动发生的重要舆论环境。不仅如此，以这种观点作为借口，西方国家及其网络巨头可以公开干涉一国内容，为其他国家的反政府运动大开方便之门。

街头政治网络动员的特点分析

第一，网络的话题引爆、动员、直播影响力超过传统媒体。

街头政治运动的第一步是产生引爆民众和媒体的话题。话题的制造和话题的动员最初都来自网络媒体，并且推动事件进展的网络直播也同样引起重视。在上述街头政治运动中，涉及的西方主要社交媒体有 Twitter、Facebook、YouTube、照片分享网站 Instagram、Flickr、WhatsAPP、Skype、维基解密等。此外，在每次事件中还有本地化的网络论坛或者网络社交工具扮演重要的联络、动员和讨论作用。

不仅如此，网络也往往促进了反动情绪的蔓延。例如，西班牙的愤怒者运动，最先是由一群年轻的缺乏政治经验的激进分子在 Facebook 上发起呼吁。该运动建立了一系列的地方议会，并组织全国游行，以收集人们需求的信息。2011 年 5 月第一次示威在 58 个西班牙城市中爆发，它的支持者们在 Twitter 上以标签"#revolution"庆祝，使得示威影响力进一步扩大。示威者迅速占领了马德里市中心的太阳门。他们拒绝离开，成千上万的人通过社交媒体被召唤加入到他们的队伍之中。在使用社交网站如 Facebook 和 Twitter 的过程中，活跃分子构建了互联网上情绪共振的对话，并成功地利用了共同的愤怒，把网络变成一个政治激情驾驶的集体行动的公共空间。运动组织者编织在一起的"舞蹈集会"有利于把围绕太阳门的多样性和选区的分散性转化为示威运动的象征性的点。在这个过程中，Facebook 页面和 Twitter 的热点功能呼吁集体认同，迅速为反政府情绪建立起了统一的认同。

第二，线上的讨论转到线下后可控程度降低。

网络在街头运动的动员中扮演着重要角色。但是一旦转向实际运动，网络的作用便随之改变。原有的动员联络作用，主要转变为直播现场信息、引发传媒关注的作用。这从两个方面降低了政府对事态控制的可能：一是原来网络承担的线上联络功能被手机和人际传播取代，通过网络审查对信息进行控制的可能性降低；二是一旦转到线下，各种反动势力可以在街头对网民进行指导，并且可以趁机在街头进行打砸抢烧等破坏社会秩序的行为，执法难度加大。

作为"阿拉伯之春"组成部分的叙利亚就是一个典型的例子。在叙利亚，化名为 Malath Aumran 的网民早在 2006 年就在该国开始了"青年网上非暴力行动"，教导民众如何进行抗议。但是在没有付诸行动之前，这类运动主要是网络上的倡导居多。随着"阿拉伯之春"爆发，在民众走上街头以后，社交媒体开始成为行动信息的传播作用，而行动者则主要通过 Skype 软件交流，并且通过手机电话等建立联络、通过人际传播实现沟通，政府控制和调查的难度也迅速增加。

第三，网络上的意见领袖对网民的引导力量强大。

街头政治运动的领导者往往是先在网络空间积极发言，产生其网络影响力和动员能力。之后被顺水推舟地认定为实际行动的领导者。由于网络身份的匿名性，即使社会地位相对较低的人，越敢言敢说越容易引起网友的支持。

比如，在台湾太阳花运动中，最主要的领导者之一是台湾"清华大学"的陈为廷。2012 年 12 月 3 日在"立法院"痛骂"教育部长"蒋伟宁"伪善、不知悔改"，在岛内引发轩然大波。因此而知名。在"太阳花学运"中，其领导地位的确立却主要通过网络渠道：台湾 PTT 论坛（台湾最大的 BBS）和脸书主页的创建。很多不明真相的群众最初通过新闻知道这一活动，之后转向脸书和 PTT 论坛寻找相关信息，论坛的置顶帖和脸书主页的疯狂关注率迅速提升了陈为廷、林飞帆、魏扬等人的网络人气，也使得其成为街头运动的主要带头人和组织者。再比如，在埃及，"帕夏（pasha）"这个词有许多复杂的内涵，这个词的原义为统治埃及数个世纪的奥斯曼帝国贵族的尊称。而埃及暴动的活跃者穆罕默德，也就是在暴动之后闻名于西方的 Twitter 活跃者叫作"pashas"，就是一个崛起于网络空间的领导者。这是一个普通埃及人在网络中成为所谓维权精英的典型。就像穆斯塔法·沙马所说的那样，"即使没有 Facebook 这次革命同样会发生"，对于 Twitter 这个说法更为适用。但是，如果没有有力的领导者，所谓的革命和暴乱的发生可能就会大大降低，被平息的难度也会大大降低。

第四，非暴力运动组织积极在全球开展培训。

不论是在 20 世纪末还是当下的网络时代，起源于欧美国家的非暴力运动组织都是街头政治运动的培训师。其中一个典型的组织就是 CANVAS（全称为 Center for Applied NonViolentAction and Strategies，中文译名"应用非暴力行动和战略中心"）。该组织与 50 多个国家的反政府倡议者开展合作，为各国反政府社会运动开展培训。而至今为止，该组织已经运用非暴力抵抗的手段，成功地帮助塞尔维亚、格鲁吉亚、乌克兰、黎巴嫩、马尔代夫等国的社会运动推翻了当权者。

这类非暴力组织的培训策略使得无序但是煽情的网络动员如虎添翼，极大增加了反政府行动的不可控性和破坏力。他们的街头行动策略可以概括为以下几点：将动员对象定位在年轻学生；强调团结、纪律和计划；教导行动者们寻找援助支柱，比如警察、军队、有组织的宗教或教育机构等，并把这些支柱力量赢取过来；创造强大的反抗品牌，吸引广泛的支持，建立自己的标语、歌曲和标识符号；如何面对镇压，如何能够克服恐惧和负面士气的影响，并重建热情。

第五，网络成为各种力量开展筹款的新渠道。

在网络时代，街头政治运动的资金募集也出现了一些不同于传播的渠道。传统渠道主要是来自直接参与者的自行筹资、境外势力的资金支持，网络时代则开始采用网络募资的渠道。

在大陆有一个群体被网民称为"自干五"，全称为"自带干粮的五毛"，指那些自觉自愿为社会正能量点赞、为中国发展鼓劲的网民。而台湾"太阳花学运"的很多参与者被学者称为"自干绿"，网民自带干粮来参与反政府运动。其中最知名的例子可以说是网络募集资金的典型：2014 年 3 月 23 日凌晨 2 点钟，熟睡中的林大涵接到朋友来电："有人在 PTT 论坛上集资在纽约时报上登广告，你要不要帮忙？"一天之内，他先跟发起人讨论，再抢时效，花几个小时，帮忙修文案及最后方向。集资广告案子上网不到 24 个小时内，就募到超过 690 万元。后来纪录片工会也找上门，讨论做"太阳花学运"的纪录片《太阳·不远》，短短时间内又募集到破 500 万元，比预定目标 200 万元多了 1.5 倍。借此机会，林大涵成立贝壳放大公司，走上了专门的网络集资之路。

第六，西方政府借网络公司干预别国内政。

由于造成街头运动的网络媒体主要是西方国家的社交媒体，这些媒体公司的服务器在欧美国家，其信息的搜集处理、服务器升级等均不受到别的国家政府的管理。这使得欧美国家的政府能够以此为由，对他国的网络进行干涉，而这种干涉可能并不能受到传统国际法的限制。伊朗所谓的"推特革命"正是美国政府借助 Twitter 对伊朗内政进行干预的典型。

在伊朗，60%人口在 30 岁以下，民众网络使用率 34%，在中东地区为最高。伊朗最高领袖哈梅内伊和总统内贾德也都有自己的博客。2009 年的伊朗总统大选前，候选人纷纷抢占网络阵地，争夺年轻人选票。内贾德阵营和穆萨维这两大派都把 YouTube、

Facebook 和 Twitter 当作竞选阵地，发布竞选宣传片和各自的竞选消息。然而，6 月 13 日，大选结束后，穆萨维指责内贾德在总统大选中舞弊，伊朗已经进入 10 年来最混乱时刻。由于伊朗当局对信息管制，很多反对派无法发短信，更多的伊朗人通过 Twitter 发布实时信息。

　　此时，美国国务院官员，时任美国国务卿政府规划院员的贾里德·科恩找到 Twitter，要求他们暂缓原定周一进行的升级计划，以方便伊朗用户展开抗议，防止抗议者的相互联络受到影响。于是 Twitter 将升级时间延至星期二下午两点，亦即德黑兰时间凌晨 1 时 30 分。伊朗大选结束后，反对派候选人穆萨维的支持人在各种媒体上发表呼吁，其中最响亮的声音便来自 Twitter。伊朗官方线上线下一齐行动，进行舆论控制，但 Twitter 网站信息满天飞，有英语的，也有波斯语的，完全无法控制。据纽约客 Ryan Lizza 说，"此举违反了奥巴马的不干涉政策，白宫官员感到愤怒。"然而，在与希拉里·克林顿的采访中，希拉里表示"（科恩的做法）没有背叛总统针对伊朗的政策"，"为科恩的举动感到自豪"。

　　即使无法直接干预，街头政治运动以网络为代表的新媒体传播手段，也会极大地扩散其国际影响，使运动所在国政府面临巨大的压力。如有研究指出，缅甸的"袈裟革命"在某种意义上是一场以政权变革为目的的颜色革命，其背后渗透着美国势力。YouTube 等为载体的网络传播媒介，为"袈裟革命"的动员与发展提供了连锁反应的平台，现场影像与文字报道在第一时间通过电视、网络传达到全世界，宛如一场经过了万全准备的现场直播。网络直播激起了广泛的国际关注和舆论支持，从而对缅甸政府造成了政治压力，正是网络这样的新媒介为这种西方势力的渗透与操控提供了便利与可能性。

传统媒体在街头运动中的作用

在传统媒体时代，媒体往往掌握在机构手中，对于舆论的掌控有比较成熟的运作手段和方法。但是，在互联网平台时代，特别是社交类媒体使得每个人都可以作为传播者、内容生产者、内容消费者。在新时代，传统媒体与互联网的联合、协同对政治运动的发起，特别是舆论的准备、激发、配合运动起到了重要作用。

第一，大众媒介充当颜色革命的舆论先导。

媒体是政治的容器，颜色革命推进也离不开媒体的配合。尤其是在科技发展迅猛的时代环境中，颜色革命发生与发展早就加入了网络的力量，与早期颜色革命以选举舞弊为切入点、反对派主导不同，晚近的颜色革命往往因为普通人的行为先在互联网上得到响应，然后发展为街头运动。

1.国有媒体"西化""私有化"

苏联解体之后，美国在东欧、中亚、中东等地有一套较完整的传媒渗透策略，可以概括为带头新闻改革——开放传媒市场——布局西方媒体、扶植独立媒体——培养网络写手、煽动网民情绪——

影响舆论环境。

不仅如此，国家媒体和反对派媒体实力和影响力上有不小的差距：与反对派有来自西方的资金支持和技术培训不同，国有媒体不仅数量有限，而且传播力非常弱，甚至还有新闻工作者被西化的情况。具体如下：

①媒体实力差距悬殊。以吉尔吉斯斯坦为例。官控报纸《比什凯克晚报》销量非常少，报道水平和印刷质量也较低，公众影响力小。与国有媒体形成对比的是支持反对派的《MSN》，它是吉国境内最大的独立媒体，革命期间接受到索罗斯基金会、"自由之家"甚至美国大使馆的帮助，言论倾向于反对派、揭露政府腐败、刊登有利于反对派的民调结果、大量报道南部起义活动还号召全国民众参与抗议示威等等，这份报纸向社会免费发放，日均印刷量20万份，能达到全国人口的4%，影响力非常大。

②官方媒体公开反对当权政府。在乌克兰"橙色革命"期间，新闻界公开反对总统库奇马，在播出亚努科维奇竞选获胜消息的时候，在手语报道中打出"不要相信"他们的信息；后来超过200名乌克兰国家电视一台的记者举行罢工，要求就非正常事件进行客观报道。值得一提的是，乌克兰等国家独立之初，媒体政策非常开放，许多国家媒体的记者都被派出或者受资助到外国接受技能培训，在还没有形成独立的本土新闻观时就被灌输了西方新闻报道理念和价值观趋向，这也促成了后来的倒戈。

2. 扶植反对派"独立"媒体

除了促进国有媒体的全面西化以外，通过宣传鼓动、经济援助、技术培训等培植反对派媒体成为西方颜色革命战略的关键手段。

①首先是极力推行新闻改革。针对独联体国家、中东相对僵化的新闻体制发动攻击，推动目标国开放新闻自由，实施新闻改革。一方面，在传媒界宣传"言论自由""客观公正"等在美国落地生根的现代新闻传播观；另一方面，借助发达的科技手段联系普通民众，宣扬西方民主自由的观念和独立公正的媒体判断标准；另外，还在国际舆论场上，抨击目标国一味宣教、封锁言论、打压异质声音。以此给政府施加压力，促使政府采取开放的传媒体制，包括媒体注册登记规则、外国媒体入驻政策、内容审查制度等等。

②其次是扶植所谓"独立媒体"。当政府开放新闻传播领域之后，外国投资传媒开始得到允许、反政府言论难以控制，美国就开始扶植所谓"独立媒体"，打压国内主流媒体，再到目前，保障网络连接和社交媒体活跃讨论。常用的策略有：选择性报道抗议活动现场，选取有倾向性和表现力的事实多平台、大规模传播；策略性描述目标国政府和反对派，给当权者贴上"独裁""反民主""反人道""人权"标签，大量曝光其负面信息，把反对派描述为当权者镇压革命、操纵选举的受害者；片面夸大目标国出现的人权灾难和人道主义危机，占领道德制高点；传播虚假的民意调查，等等。通

过这些手段灌输西方民主自由思想、煽动民间对政府的不满情绪和对变革的渴望；同时，争夺新闻事件的首发权和阐释权，淡化了该地区宗教和世俗政治的矛盾，利用自身传播力和影响力制造国际舆论，影响相应国家与其他国家的政治关系、为反对派赢得国际支持。正是在这种内忧外困中，国家媒体的声音得不到很好的传播，"独立媒体"按照其"老板""金主"的意思大张旗鼓地支持反对派，导致国内舆论环境脱离政府掌控。

第二，公开支持"社交媒体革命"。

①非传统政变战术的研发与推广。美国智库兰德公司在研究埃及莲花革命中的 Kefaya 组织时，研究出一种名为"蜂拥而至"的非传统政变技巧，意指年轻人通过短信、互联网聚集在一起，会像蜂群一样听从更迭政权的命令。具体而言，这包括互联网博客、抗议组织用于联络的手机短信以及组织良好、时散时聚的抗议小组。利用这些新技术手段把目标国的年青一代作为主要渗透目标，积极培养亲西方力量。后来，美国国际非暴力冲突研究所负责人与美国劳伦斯利弗摩尔国家实验室的武器专家合作，开发应用于策动青年运动的新通信技术这种新技术完全可以在数字空间中创造出政治集会效应。

②技术项目的投资与提供。2011 年初，希拉里就互联网自由发表第二次讲话，宣布在此前投入的 2 000 万美元的基础之上追加 2 500 万美元投入"绕开对网络政治审查新工具"。新美国基金户得

到其中的 350 万，旗下的无限未来计划、开放技术计划等多个项目组开展了大量综合破网工程。例如 Serval Project 在没有基础设施、无线发射塔、卫星、无线接入点及载波的情况下实现任何地点、任何时间的通讯，并支持各种手机终端；再如 Commotion 技术，任意两个设备均可以保持无线联网并无须经过中心服务器，既能组建局域网又能介入互联网，特别适合大规模人群视为活动的沟通串联。2014 年初位于旧金山的 Open Garden 公司，根据上述技术，发布了一个名叫 FireChat 的 App，并在【香港占中事件】中被大量下载，据华尔街日报报道，这个 App 在 2014 年 9 月 9 日到 10 月 4 日期间，在港下载量突破 46 万，公共聊天量超过 500 万条。

6.1.3 "推特革命"发源地的治理经验

网络意见的治理转向

伊朗政府在绿色革命爆发之初，即以外国政府借助互联网新媒体干涉其国内政治争端为由加强对网络与媒体的控制，临时切断所有手机通信、封锁 Twitter 和 Facebook、中断相应互联网媒体通信，并且封锁和驱逐在伊朗的国外新闻媒体。叙利亚政府也曾在 2012 年内战期间，多次采取切断互联网、关闭手机网络、破坏通讯设施等方式来阻碍反对派武装的进攻。具体的措施包括：

①封锁网络言论：伊朗政府曾命令相关博客停止发布有关消息，并对网络进行更严格的管制，可是反对派示威者仍然通过境外

代理服务器继续使用 Twitter、Facebook、YouTube 等向全世界发布信息。

早在 2014 年，土耳其总理埃尔多安就公布了他的"清除 Twitter"计划，并向议会提交了后来的网络监管修正法案，旨在对敌对网站进行定点封锁。

②中断了手机和互联网服务。为了防止反对派利用手机信息和互联网进行大肆传播，伊朗政府不惜采取暂时中断相关服务的强制性手段。叙利亚内战期间，境内部分手机网络也被政府关闭，固话网络也十分不稳定。

③严格审查境内网站。伊朗绿色革命期间，政府封锁了 Facebook、Twitter 及 Google 旗下的一些网站，宣布它们是敌对阵营试图摧毁伊朗的工具。叙利亚政府也常常采取区域断网乃至全国断网的方式来防止反对派武装攻击。2011 年 1 月，土耳其信息和通信技术局（BTK）出台了一部新的互联网使用规定，将网站的内容划分为"危险（黑色标签）"和"安全（白色标签）"两种，并要求网络服务供应商为用户提供四中过滤选项：儿童版（只允许访问"白色"网站）、家庭版（无法访问"黑色"网站）、标准版（仅封锁违反《第 5651 法案》的网站）、国内版（只允许访问无"黑色"内容的境内网站）。

在应对网络舆论威胁的方面，需要采取积极的措施：

①建立官方社交媒体账号。伊朗总统内贾德本人作风低调、勤

俭廉政，深得普通民众特别弱势群体的拥护，但是受益不多的富有中产阶级、青年学生与知识分子反而成为其主要的反对力量。针对这些反对群体的爱好，内贾德在大选中专门制作了竞选网站，在个人博客中不断发布信息，在 Facebook 和 Twitterh 中虽然不及反对派声势浩大，但也获得了一干支持者。

②快速处理网络舆论攻击。叙利亚总统巴沙尔接受过西方教育，能够更好地处理网络信息，做出更及时的应对。例如，叙利亚反对派谴责巴沙尔妻子热衷奢侈品、醉心购物，并以此为由攻击总统腐败；巴沙尔夫妇迅速通过已掌握的电台资源和互联网平台，他们播出向难民援助食品等图像，恢复亲民形象。

③领导人与国民建立信息联络。在土耳其政变中，军人沿袭了传统政变者的一贯思路，迅速占领电台、电视台等舆论喉舌，目的在于斩断埃尔多安政府与大众之间的有效连接。而社交媒体对埃尔多安最大的帮助，其实就是迅速接通了一度中断的大众信息连接，让土耳其民众没有丧失对现任政府的信心。他本人通过社交媒体的现身和动员，攻破政变谣言，影响力可想而知。埃尔多安在 23 点 38 分发出的呼吁短时间内被转发了 2.7 万次，这在动员群众阻挡叛军、协助平息兵变中具有重要作用。

以网络反击西方的传统叙事

首先，以真实情况反击不实报道。例如，叙利亚反对派网站上关于政府军屠杀平民的视频剪辑片段，被阿拉伯电视台、半岛电视台大量转发；对此，叙利亚国家电视台公布了血腥照片的完整版和对当地居民采访，呈现出一个截然相反的军民情况，正面回应反对派谣言。

其次，揭露西方势力的险恶用心。针对上述事件，叙利亚国家通讯社就"为什么恐怖事件总是在联合国安理会即将开会讨论叙利亚局势的时候出现？"提出鲜明的政府立场，认为西方国家希望借此促使一些中立国家采取反对叙利亚的立场，进一步在具有争议的话题上掌握话语权。

第三，封锁和打压反对媒体、西方国家传统媒体：伊朗外交部发言人表示，在有关伊朗选举的报道中，VOA 和 BBC 充当了美英政府的喉舌和煽动伊朗动乱的指挥所，试图达到制造伊朗民族分裂的目的；伊朗文化部取消了在伊外国记者的证件，禁止外国记者报道与选举相关的游行示威活动。伊朗政府下令驱逐了英国广播公司常驻德黑兰的记者乔恩·雷恩，要求其在 24 小时内离境，原因是他"制作虚假新闻并支持暴乱分子"。2013 年，在土耳其正义与发展党（APK）谋求第二期连任之际，土耳其政府进一步加强了对言论自由、网络使用、自由集会的限制，同时加强了与土耳其大型媒体集团的联系，并利用经济、行政、法律等多种手段，打压反对派媒体和记者，当年在监的记者总数位列全球第三。

作为法治化进程的网络治理

以土耳其为例，严格的网络监管法案使得土耳其政府能够在很大程度上对相关问题进行防范。具体体现在：

第一，巩固国家政权。2007 年，打击互联网犯罪的《土耳其第 5651 号法案》正式生效，规定政府有权依法关闭或者阻止境内访问涉及颠覆政权的网站，截止到 2013 年 1 月至少有 3 万个网站被封锁。

第二，保护公民数据。2014 年 2 月，土耳其议会又通过了该法案的修正案，进一步增强了政府对互联网的控制，该法案要求网络服务供应商（ISP）提供长达两年个人数据留存，并授予政府封锁非授权网站的权力。修正法案一出台便引发了人权团体和街头抗议群体的反对，保护记者委员会（CPJ）称这项法案实际上允许了无孔不入的监视和审查。

第三，强化执法权限。2015 年 2 月，土耳其执政党正义与发展党（APK）向议会提交了《国家安全法》，法案授予国家机器更多权力以维护公共秩序和公民安全。其中包括：将土耳其安全部队未经官方许可、进行情报监听的时间延长至 48 小时（之前是 24 小时）；允许警方在没有法院、检察院授权的情况下，将抗议者"带离"人群等等。而反对者的批评主要集中在：执政党企图通过合法程序压制言论自由；过于严格的通讯内容审查侵犯公民隐私权；法案易导致军队、警察滥用权力，限制公民权利甚至人身自由等等。

再以伊朗为例，网络立法和成立专门委员会成为伊朗绿色革命之后的关键防御措施。具体表现为：

第一，出台《计算机犯罪法》，依法管控网络服务。法治层面，强化立法，对互联网实施系统性管控，2009 年出台《计算机犯罪法》，该法规定，在网上散播反政府言论、破坏公共秩序、诋毁宗教信仰都将受到惩治，最高可判处死刑。

第二，成立网络空间最高委员会，统筹管理国内网络。最高领袖哈梅内伊于 2012 年 3 月颁布指令，成立网络空间最高委员会。该委员会是伊朗政府处理互联网问题的最高决策和执行机构，负责制定互联网政策，保障网络安全，监控网上信息，过滤网络言论。2012 年 9 月，政府决定着手建立"内联网"以取代互联网。该计划如若继续推进，也要由网络空间最高委员会统筹部署。在人员组成上，网络空间最高委员会由包括总统在内的政府各部门高官、革命卫队网络防御工作组（2010 年成立）、议会和司法系统代表以及技术专家组成，受哈梅内伊直接领导。它的成立表明伊朗最高决策层已将网络监管视为关乎国家安全的头等大事。

6.1.3.4　作为安全防御的互联网治理

叙利亚针对网络攻击的主要措施是建立虚拟电子军队。叙利亚政府还采取完全开放的互联网政策，并将其反应用于镇压叛乱。2011 年 3 月，叙利亚政府成立了阿拉伯世界首个公开承认的虚拟军队电子军队（SEA），专门从事针对政治反对派、西方新闻媒体、人权网站（例如 Human Right Watch）的互联网服务攻击；利用基于地理信息系统的网格计算和对新媒体的数据挖掘，确定在线账户的地理位置信息和个人身份信息。对此，叙利亚政府内战期间，不仅没有封锁网络，反而主动断开防火墙、彻底开放社交媒体，然后用网络钓鱼的方式盗用社交媒体账号，通过检测反对派在新媒体上留下的数据信息，确定其身份和位置。

6.1.4　政治安全语境下网络传播治理

为了有效预防街头政治运动的发生，政府有必要从互联网治理、传统媒体管理等方面进行统筹应对。从对策研究的角度看，我们建议对以下内容进行格外关注。

互联网管理

1. 提高和扩大网络实名制的管理水平

实名制是国家对公民身份进行认证并依法治理的有效途径，网络实名制是防止网络言论形成现实影响力并对网络的信息进行基本管控的第一步。目前，以《微信十条》为代表，我国已经对主要的社交网站实行了实名制，对手机用户的实名认证也正在推进过程中。但是，这种实名认证的范围了力度明显不足。网民有着天然的逃避审查的倾向，在需要网络动员的时候，他们可以避开实名认证网站，转向其他的网站开展活动。比如，在利比亚街头政治中，利比亚网民最早的集结就是在一个无须实名认证的恋爱交友网站；而在"太阳花"运动中，学运成员最活跃的论坛如想想论坛、沃草网站等即使无须实名认证也可以登录，这就为网络信息的不可控制埋下了隐患。

　　实名制实施的难度和重要性还可以从韩国的案例中分析。近年来，韩国近年来爆发多次反朴槿惠示威游行。韩国政府对示威的网上发动几乎没有任何侦查能力，其中一个重要的原因是韩国实名制的废除。韩国是个互联网非常发达的国家，无论是网速、网民的比重，还是宽带的普及程度在世界上都名列前茅。早在 2007 年，韩国就实行了网络实名制，打击网络暴力和网络犯罪。然而，2012 年 8 月 23 日，韩国宪法裁判所全体审判官一致做出了"网络实名制"违宪决定，从而使引入仅 5 年的网络实名制将寿终正寝。废除的原因主要有两个，一是当时韩国的实名制交由韩国的商业公司运作，商业公司将用户信息卖给其他利益群体，引起公愤；二是推特、谷歌、脸书等国际社交网大量涌现，这些运营商进入韩国不接受网络实名制，造成了本土门户网站和这些网站管理的不公平，并引发了国内企业的反对。社交网站近年来在韩国政治生活（各种选举）发挥了越来越大的作用，美国几大社交网站扮演着不可忽视的舆论搅动作用。

　　2. 积极应对网络情报侦查

　　网络侦查能力是一国进行网络治理的重要保障。这一能力的保障需要网络管理部门的制度建设、公安部门的刑侦能力和相关技术手段的密切配合。网络反动信息的侦查既包括针对案件的侦查，也应当包括常规的反动信息清除工作；既需要国家管理部门的参与，也需要专业技术人员的参与。

当前，网路水军是一股不可忽视的势力，是网络舆情的巨大隐患，由于网络水军主要服务于商业需要，因此极易被不良势力利用。其主要问题体现在两个方面：一方面，水军的大量存在可能导致常规的网络舆情监测出现偏差，无法正确预测舆论风险和社会问题隐患；二是水军炒作可能为街头政治运动的最初动员提供帮助，成为反动力量的帮手。在实行网络实名制以后，各个平台上的水军有所收敛，微信平台的水军相对微博时期有所减缓，但是很多原水军从业者开始转战自媒体，这种趋势值得重视。

3. 利用技术手段监测网络舆情异动情况

街头政治运动一个重要的环节就是从线上走到线下活动。一旦转变为线下的实际行动，参与者就可以通过手机、邮箱、地址等信息建立联系，无须借助社交媒体，并且参与者之间的凝聚力也会迅速增强，试图通过切断网络联系来控制局面变得不可能。因此，必须切断线上到线下的转化过程。

目前，造成各国街头政治运动的主要网络媒体几乎都是美国的社交媒体公司，Facebook 提供线上人际圈，Twitter 提供意见领袖和信息病毒式传播渠道，YouTube 和 Instagram 则提供现场信息和图片视频资料。由于这些网络公司与美国政府有着高度的合作，所以对其他国家的信息安全有着严重的威胁，需要密切监控。目前，相关的网络舆情与信息的动态监测和大数据分析技术越来越成熟，对相关内容的监测应该有相应的技术运用机制。

4. 特别关注有组织有计划的网络力量

除了社交平台，一些主要的反华势力的网站正在利用网络信息传播的便利性进行有预谋的宣传和渗透。目前，境内外的反华网站主要分为反共相关网站、"法轮功"相关网站、"藏独"相关网站、"疆独"相关网站、"占中"相关网站、"台独"相关网站、人权相关网站、"六四"相关网站、攻击中国网络管理网站（含翻墙相关网站）、境外反华非政府组织网站等。境外反华网站已经建立起全面的媒体系统，包括网站新闻资讯类网站、视频广播类网站、翻墙类工具网站、组织消息联络类网站、论坛讨论类网站、国际组织类网站等。

这些境外反华网站的注册地主要分布在三类地区，一是欧美等西方国家，二是中国的香港、台湾地区，三是中东、西亚等地区。这些网站或者是反华势力常驻地、或者是中国网络管理的薄弱或无法触及地区、或者是政局不稳定的地区，监控难度很大。

除主要西方的社交媒体以外，主要街头政治运动往往都会有本地网络媒体或者论坛的参与，并且在其中扮演重要角色。比如，在利比亚，激进分子利用阿语约会网站Match.com"结识"；在台湾，"太阳花学运"的大学生在PTT论坛、想想论坛、沃草等本地论坛展开了大量讨论，等等。本地论坛的网络动态也值得高度关注。

传统媒体管理

第一，警惕传统媒体的反政府报道。

在近年来的街头政治运动中，国内外的媒体和学者都对网络媒体在其中扮演的作用给予了极大关注，但是却忽视了街头政治运动的重要"催化剂"——传统大众媒体的煽风点火。大众传播媒体在许多互联网欠发达地区依然具有较大的影响力是不争的事实，同时，传统媒体与互联网的协同作用也是一种新的传播特点。

实际上，以报纸、广播、电视媒体为代表的传统大众媒体在街头政治运动的最终恶化中扮演着不可推卸的责任。这种责任主要体现在两个方面：（1）对小规模的政治运动参与者进行密切关注和报道，使得小范围的事件迅速进入公众视野，原本并不知道的群众反而因为大众媒体的传播得知相关事件，转而去网络上参与讨论。这实际上恰好迎合了街头运动参与者所想要的效果。（2）街头政治运动发生后，开展全方位报道，大量刊发、播出或者转载反政府言论，加剧了舆论风险和社会矛盾的激化。（3）许多媒体缺乏政治判断，乐见其乱，往往与境外媒体或者反动媒体沆瀣一气，号召导向西方所谓的"民主""自由""人权""革命"，给政府应对带来了巨大的压力。

第二，对国外媒体在华从业人员严格登记。

街头政治运动需要网络和传媒动员，更需要现实行动。因此线上动员的现实落地，包括行动信息的发布、行动的培训往往需要境外人士的配合。行动信息的直播和对外发布往往是由行动者和媒体记者共同来完成；行动的培训则主要是一些国际NGO。近日来，法国《新观察者》没有得到在华记者资格续签，此事引发国内外关注。实际上，境外记者在华的反动言论和行动早已是十分猖獗，我国政府将此事提出不过是使其公开化处理而已。

2. 社交媒体：影响政治生态的重要平台

在 2016 年美国大选中，社交媒体以其巨大的影响力受到关注。在对美国大选对数字媒体的利用上可以看到，以社交媒体为代表的数字媒体已经成为主流媒体。但是，社交媒体的作用不是决定性的，仍然有诸多复杂的因素影响到选举的结果。因此，如何辩证分析社交媒体的作用并"用好"社交媒体，值得分析和讨论。

6.2.1　美国大选中的数字媒体表现

社交媒体平台脸书（Facebook）表示，大选结果出炉当晚有超过 1.15 亿人在脸书上讨论选举。推特（Twitter）称，在美国东部时间凌晨 3 点，特朗普竞选总统胜利之时，关于总统竞选结果的推文数量超过 7 500 万条，远远高于 2012 年选举日 3 500 万的记录。实际上，不仅仅这两家媒体，还有诸多数字媒体在美国大选中表现突出。在 2016 年的美国总统大选中，发挥作用的数字 / 社交媒体主要有以下几类：

（一）主要社交媒体

例如：Facebook、Twitter、Instagram、Snapchat、WhatsApp 等。

以 Facebook 为例，根据官方公布数据，最终结果公布当晚有超过 1.15 亿人在 Facebook 上讨论选举，其中产生的"赞"、文章、评论和与投票相关的分享总计超过 7.16 亿个，实时播报选举情况的视频也吸引了 6.43 亿人次观看，据估计，美国大选期间，仅在 Facebook 平台上投放的资金总额约高达 4.28 亿美元。

（二）数据新闻博客

例如：Five Thirty Eight、PredictWise、RealClearPolitics 等。

值得注意的是，在本次美国大选中，基于大数据的预测得到巨大关注，数据新闻博客、人工智能预测系统的受重视程度被提高到与传统权威民调机构比肩。尤其是，大选的结果显示，几乎全部传统民意调查机构的预测都出现了偏差甚至错误，这进一步加强了民意专项对数据新闻机构的信任。

（三）候选人官网及其互动平台

这些平台具有在线众筹、社交媒体分享、民意提交等功能，如希拉里竞选官网（hillaryclinton.com）、特朗普竞选团队官网（greatagain.gov）等。根据 2016 年 9 月皮尤发布的《美国数字新闻十大趋势》，有 10% 的美国人通过候选人官方网站关注 2016 年美国总统大选，这一比例略高于以往较受候选团队重视的邮件列表方式（9%）。

（四）竞选团队开发的移动应用程序

希拉里和特朗普团队都通过手机应用来吸引选民，鼓励选民在应用中建立个人档案，晒带有自己标签的自拍，在竞选活动中签到，在社交网络上分享竞选信息等。希拉里团队的"Hillary2016"App 是美国总统竞选历史上第一个移动应用产品，此外特朗普团队还开发有 Crooked Hillary No 游戏 APP、具有募资激励功能的 America First 社交排名 APP 等等。

6.2.2　唐纳德·特朗普的社交媒体策略

一方面，特朗普有着鲜明的民粹主义策略。有评论称，特朗普招惹媒体和精英阶层，是为了迎合选民大众，是他谋定而后采取的策略中的奇招。他与媒体之间的相爱相杀并不是偶然的，而是特朗普自我打造 IP 开辟出来的"蹊径"。这也许有一定的现实根据。他曾经如此评论自己的"出格"："我不出格的话媒体会来理睬我?!"特朗普将自己打造成一个站在精英的对立面，挑衅常规、敢于说真话、斗天斗地斗伪君子的"真小人"。他深知美国民主的操作模式，精英阶层仅仅是美国社会的一小部分，虽然他们掌握了绝大部分的资源，却不能代表大多数选民的民意。随着民主参与的核心淡化，美国的民主实践也许有逐渐远离民主的思想的趋势，但是在每年铺天盖地的媒体宣传下和选举传统的延续，大多数民众都仍保留有参与政治决策的幻觉，尽管大多数时候他们的民主参与仅在大选阶段体现出来。

　　他采取了不同于常规精英派滴水不漏外交言辞的"政治圈外人"风格，给了失望情绪弥漫的民众一种改变现状的期待感。他不讲套话敢于触碰政治正确的画风打动了许多希望有根本性改变的美国人。在社会阶层固化的今日美国，特朗普代表的是不同于传统精英的人群，尽管他是超级富豪，但是他的"出格"反而撕下了他身上的资本精英的标签，与共和党传统的彻底决裂也让许多觉得受到忽视对精英不满的白人工薪阶层感到十分期待。这使他成为大量蓝领白人的代言人。

　　蓝领白人的生存状况可以说是美国近几年的政治和新闻盲点。他们向来被认为是美国的主流群体、中产阶级的主力军。这种定式思维的标签带来的是他们诉求的集体失声。在精英政治的盛行和关爱少数群体的政治正确下的美国，主流媒体上富人和弱势群体的声音反而大于这些传统主流群体的呼声。然而，这些主流群体正面临着衰退的趋势。皮尤研究中心2016年5月份的调查显示，美国的中产阶级的财富和规模都在急剧缩水，高收入群体和低收入群体反而扩大，曾经的美国"橄榄"有成为"沙漏"的趋势。62%的中产阶级认为政府没有提供足够的帮助，共和党是富人的代言人，而民主党也并没有过多关注中产阶级的需求。

　　这给了特朗普扩大票仓的机会。特朗普的政策从很大程度上是民众爱听什么就说什么。从使用与满足理论来看，他按照民众的喜好构建政治形象，趋利避害，为选举征得更多的支持。他对拉美裔的批评和收紧的移民政策论调迎合了在主流的少数族裔保护倾向中失声的传统主流群体；将中国当作是美国制造业衰退的接锅侠，也是回应了传统制造业区的蓝领白人群体失去工作的不满。他党派模糊的中间派路线就是一锅大杂烩，批评奥巴马的医保效率低，却不反对全民医保，既反对堕胎，又高度赞扬了美国生育保健规划联盟为妇女作出的贡献（堕胎是他们提供的妇科疾病预防项目之一）。他的极端言行替无数被压抑的声音出了气，宣泄了美国民众对精英政治的失望，但是实际上他又是精英阶层的一部分，而且声称能利用他的能力以及和华尔街的关系来改变这一现状。

他浅显易懂、极富煽动力的口号，"让美国恢复往日荣光"，也是这一竞选策略的体现。对美国往日强盛的怀旧深刻地戳中了美国梦破灭的传统中产阶级和其他美国人的痛点。在美国影响力日益势弱的今天，这句口号契合了很多选民的心境。

另一方面，特朗普善于运用社交媒体开展传播。特朗普在 Twitter 上有 1 320 万粉丝，在 Facebook 上有 1 260 万粉丝。而希拉里的这一数字是 1 040 万和 852 万。市场调查公司 Cronin 的数据显示，过去一年时间，美国人在社交网站上花在特朗普相关资讯的时间总量超过了 1 284 年。特朗普还频频利用直播这种今年大热的方式，在社交媒体塑造自己的活力形象。毫无疑问，特朗普是美国政坛最大的网红。即便特朗普在主流媒体众叛亲离，即便特朗普被自己政党疏离，他依然可以通过 Twitter 和 Facebook 向草根阶层宣传美国经济已经到了最危急的时刻，推广自己专为他们打造的竞选政策，把工厂搬回美国，收紧移民政策，贸易保护主义，外交孤立主义。特朗普极为敏锐地发现了美国底层民众对民主党执政期间若干政策（例如医保与移民）的不满，利用民众对政治正确的反感，以及夸大经济全球化给美国经济带来的弊端。当然，希拉里本身的丑闻也是特朗普获胜的关键原因，而他一直在集中火力抨击希拉里的邮件门和政治献金丑闻。

奥巴马竞选团队的数字和社交媒体大师丹·普法伊费尔（Dan Pfeiffer）发推文表示，特朗普在互联网上的表现优于其他任何人，这也是他赢得胜利的部分原因。特朗普也自夸为"140 个字符（Twitter 字数限制）的欧内斯特·海明威"。他的社交媒体传播重要由以下几个方面的特点。

（1）善用网络视频

极具风格化和病毒传播特质的 Instagram 短片、每周在 Periscope 上举行现场直播（第一个定期直播的政客），正在帮助特朗普获得免费的电视广告曝光，而他在这一方面的花费仅仅是小小布什的 1%。

（2）实时的 Twitter 互动

特朗普的 Twitter 几乎涵盖了他的所有重要活动，—包括他在 2012 年的首次竞选辩论、奥斯卡和《学徒》节目以及本次竞选的全部电视辩论活动——这已经成为特朗普网络自我呈现的重要组成部分。他喜欢在晚上发推文怼网友，在电视辩论后台发推文调侃希拉里，几乎在所有地方随时发推文报告现在的活动和想法，与受众实时交流，把所有嘲笑反攻回去。

（3）不在意、不需要主流媒体

负责米特·罗姆尼 2012 年数字竞选活动 Zac Moffat 说特朗普"具有使用社交媒体取代传统的政治运动的能力，他生活在这种媒体上"。特朗普本人也谈及"（社交媒体）是伟大的，就像拥有一份报纸，没有任何损失"。

（4）不在乎事实更在乎粉丝

特朗普经常在社交媒体上发布一些谣言、虚假消息例如伪造的种族犯罪统计数据。相比之下他更在以粉丝，会经常感谢他的支持者、经常与八卦名人打交道。

6.2.3　社交媒体在美国大选中的作用

回看 2016 年美国大选，我们无法忽视社交媒体在其中起到的作用，这些作用早在 2008 年就开始显现，并且在 2012 年得到过第一次演练。媒体顾问机构 140Elect 负责人扎克·格林（Zach Green）说，Twitter 具有"左右全国舆论导向"的潜力。由于 Twitter 使得信息发布实现"民主化"，Twitter 消息可以传递报纸和电视等传统媒体不能报道的新闻，从而助候选人以一臂之力。

格林在接受采访时说："Twitter 在传统媒体尚未报道之前就可以将某一事件曝光于公众视线。你还可以随时了解全国性讨论的焦点，Twitter 让候选人可以直接与选区选民建立接触。"

前美国财政部发言人托尼·弗朗托（Tony Fratto）表示，Twitter 具有"改变游戏规则"的潜力："候选人能以你所能想象的最廉价的方式与大批潜在选民进行即时沟通。他们不仅可以向数百万人传递某种信息，还能对竞争对手的抨击迅速做出有力回应。"

弗朗托还曾是小布什执政时期的白宫发言人，如今是美国咨询公司 Hamilton Place Strategies 合伙人。他指出，在过去，候选人要想对竞争对手做出有力反击，则必须让竞选团队投放电视广告，但撰写新闻稿或制作广告需要一定的时间，"有了 Twitter，一旦遭遇对手抨击或不利于候选人的新闻报道，他们可以立刻做出回应，激发支持者对此事的讨论。"

具体来看，这些作用主要体现在：

（一）使选民沉浸在同类信息中

传统媒体报道逻辑失效，社交媒体以"社交性"为传播量保障，越擅长制造网络话题的人就越容易在社交圈中被传播和关注。这就是社交媒体——使用挑衅性语言制造新闻；追求最大曝光量，吸引偏激或在社会中被边缘化的支持者；看重情感，偏爱零碎片断，信息越粗俗偏激，越耸人听闻，传播速度越快，眼球效应越佳。这样的社交媒体就像胶水一样能把看法相似的人们粘在一起，使他们互相影响，进一步确认自己的偏见。

根据 2016 年 9 月皮尤发布的《美国数字新闻十大趋势》，其中 55% 的美国网络新闻用户是在浏览其他信息时偶然看到某条新闻，只有 44% 的用户会特意检索新闻。——这意味着大多数社交媒体用户对于热门新闻的接受十分被动。因此，越会制造网络信息的候选人越容易被网民所熟悉。

（二）为民调提供海量数据资源

社交媒体中呈现了人类在虚拟平台中的"社交"——每天都有不计其数的互动和分享在平台中产生——这些信息提供一整套人为作用下的指标，逐渐成为民调机构的新宠儿。

在众多失败的民调机构中脱颖而出，成功预测特朗普获胜的印度人工智能系统 MogIA AI，就是直接从 Google、YouTube 和 Twitter 等网站上搜集近 2 000 万个数据点，对全部信息进行完全独立的学习和自主完善，进而成功预测最终大选结果的。根据 Twitter 发布的"2016 年美国总统大选推特平台跟踪器"，自 2016 年 9 月以来，除 2015 年 11 月被桑德斯反超之外，特朗普在 Twitter 上被提及总量上始终"艳压"其余总统候选人。

（三）承担收集选民反馈的功能

传统的民调需要通过电话或网络问卷开展选民反馈的收集，但是通过社交媒体等新形式，选民可以直接将自己的观点反馈给候选人。

本届选举中，"事实核查"成为推动选举活动开展的重要方式。实际上，希拉里和特朗普的言论给事实核实者（大多数是新闻媒体人）提供了大量可引用的素材。之后，事实核定者会对候选人的言论做出"确证""合格""不属实"等结论。也就是说，从电视辩论直播，媒体和民众导流到事实核查平台，这对美国大选还是第一次。在这样的过程中，竞选团队和民众有了更进一步的联系，也在跟进核查过程中了解到更多细节。更重要的价值在于，竞选团队可以从民众那里获得有深度的评论和积极的回应。从而形成与民众的紧密联系，并为竞选团队提供了"如何看待组织以及组织目标"的新途径。

（四）监督和引导选民投票、捐款

一是开展选举事务提醒。在 2010 年美国的国会选举中，Facebook 在 6 100 万用户的新闻推送中激活了"提醒"功能。加州大学研究人员的一项联合研究表明，Facebook 对 34 万人的投票参与起到了直接的推动作用。当候选人得票数相差很近时，这些投票将足够改变选举结果。

二是利用社交媒体开展募捐。针对 2016 年选举，Facebook 开发竞选视频结束后的"call to action"功能，选民可以上传文件，让候选人更好地了解支持者和民众诉求。此前某场辩论的次日，双方团队就会在各自网站显著地贴出募集捐款的信息，同时附上了帮助投票者在州内注册登记的链接。Twitter 和 Facebook 成为总统候选人主要的募款平台，YouTube 等一系列社交媒体上的"捐款"按钮，进一步便利了捐款方式；选民捐赠后还可以发布到自己的朋友圈，使捐赠效应滚雪球式扩大，有效地帮助竞选者发掘潜在选民和金主。

（五）加剧选民倾向极端化（回声室效应）

社交媒体提供的定制内容，一方面聚集了相似喜好的用户，形成网络社群；另一方面，演算法会根据用户喜好提供内容，让民众接触到的信息同质性越来越高、单一化程度加深，使数字新闻环境加剧了选民的政治倾向两极化趋势。

在 2016 年 9 月皮尤研究中心发布的《美国数字新闻十大趋势》报告中显示，在网络新闻用户中，共和党保守派（39%）和民主党自由派（44%）比温和派更容易从他们的家人或朋友那里获得偏向一方的新闻消息，共和党保守派（51%）对他们获取的片面信息持赞同意见，这一比例大大高于其他政治团体，政治观点更容易被同质化信息反复确认，使"意识形态孤岛现象"出现的趋势增强。在 2016 年的总统大选里，社交媒体上的机器人账号的规模、使用策略以及将会带来的潜在影响都是前所未有的。它们会控制和增强网络"回音室"的效果，在定制内容的推送中，高频率推送用户偏好的内容，而削弱其他的立场和观点，使用户获取内容的时候不断强化自身既有观点。

3. 互联网与政治新格局

互联网对政治生活和政治格局的改变已经成为许多国家和地区关心的重要议题。互联网的发展既带来了政治生活的形式和内容的改善，也为国家治理和社会稳定带来了挑战。如何理解这种变化是当前全社会的主要关切。但是，理解这种变化不是只看到好的一面从而一味地追捧，也不是只看到坏的一面极力地打击，而是要明确变化背后的内在逻辑和未来的趋势。只有明确了这种逻辑才能趋利避害，为我所用。

本章对于政治格局的变化进行了较为系统的阐述，其背后的逻辑思路便是本书主张的互联网平台与微力量的互动关系的逻辑。互联网改变了人们的日常生活，这种改变才是根本的变化，它不仅传导至社会经济的层面，也会深刻地影响到政治生活和社会治理的调整之中。因此，才会有了各种"颜色革命"的悲剧上演，也才会有了利用社交媒体助力总统竞选的经典案例。

2016 年 4 月 19 日，习近平在主持召开网络安全和信息化工作座谈会时发表了一段经典的观点，他认为，古人说："知屋漏者在宇下，知政失者在草野。"很多网民称自己为"草根"，那网络就是现在的一个"草野"。网民来自老百姓，老百姓上了网，民意也就上了网。群众在哪儿，我们的领导干部就要到哪儿去，不然怎么联系群众呢？各级党政机关和领导干部要学会通过网络走群众路线，经常上网看看，潜潜水、聊聊天、发发声，了解群众所思所愿，收集好想法好建议，积极回应网民关切、解疑释惑。善于运用网络了解民意、开展工作，是新形势下领导干部做好工作的基本功。

习近平的这番谈话可谓切中了要害，明确了互联网时代的群众路线和党的工作内容和业务方式的调整，这一方面对于领导干部应对技术变化带来的调整提供了指导思想，另一方面也为领导与人民群众有效的沟通建立了新的纽带，有利于把社会问题及时解决在萌芽状态，也有利于更方便有效地造福人民群众，避免拍脑袋决策造成的社会损失。

同时，我们也看到了互联网带来的便利也为不法分子所利用，煽动群众，造谣诽谤，由于互联网传播成本的降低，谣言传递快速，造成了许多社会问题并增加社会成本。较为严重的结果就是互联网特别是社交媒体平台在政治革命中发挥了巨大的推动作用甚至是策源作用。

此外，互联网平台的崛起也创造了许多新的创造财富的机会和新的娱乐生活方式，但是同时也带来了许多新的社会问题，对社会治理的传统思路造成了冲击。比如说，许多个人可以通过社交媒体平台或共享经济平台进行内容的生产与发布、商品的生产与销售，但是许多行为都没有办法为传统的管理政策和法律法规所涵盖，即使强行使用既有的法律法规进行约束，由于生产主体涉及范围非常广泛乃至个体，因此执法落地的成本相当高昂，这就倒逼现有的管理思维、政策法规进行调整，方便人民群众的同时，也对违法犯罪活动进行有效打击。

其中，尤其需要关心的是信息安全和数据安全的问题。这是互联网带来的前所未有的挑战和问题。由于目前法律法规还不够完善，新近出台的一些数据安全和网络安全的法规也需要根据实际的变化继续调整优化，而数据黑市市场对于公民个人隐私、国家信息安全的挑战依然十分严峻。除了这种有意识的违法犯罪活动，许多公民自行上传的信息、照片、视频等内容也可能涵盖危害国家安全的因素。许多游人在军事基地附近的拍照并炫耀性上传等都在目前国家安全的考虑范围内。2016 年，50 名俄罗斯联邦安全局间谍学院外国情报科毕业的学生，在刚毕业的时间点上，集体开着豪车在莫斯科街头炫耀，并把当天的照片、视频上传到网络上。这一愚蠢的举动激怒了克里姆林宫，这 50 名特工被强制自动离职或者发送边疆，几乎不再可能从事国家情报活动。为什么会犯这种低级错误？这当然与他们的职业能力不足有关，但是相信学校里肯定教育过基本的隐藏身份的技能，只是无论是教材里还是学生的脑海里对于新的生活方式还没有习惯，还没有把这种变化有效地组织进传统的思路和知识体系中并进行更新换代。

怎么理解这种变化内在的逻辑？除了本书中一再强调的互联网

平台与微力量的关系之外，再继续深入讨论互联网之于政治格局的深刻变化，本书继续提供两个观点：

第一，信息成本的降低与权力结构的调整。

从本书对社交媒体平台、内容生产与传播平台、共享经济平台等互联网平台的分析可见，信息不对称被打破，中介成本大幅降低，所有以个体为中心的微力量开始介入原先由大型机构团体才能运作的项目，个人利用互联网进行创业、提升个人财富的案例不胜枚举。

这些变化的背后一个核心的逻辑是信息成本的降低，从信息不对称的工业时代走向信息逐渐对称的过程中，权力的转移越来越从大众媒体、政府机构、企业等各种组织机构中让渡到个人手中，从而对社会机制和原有的业务流程乃至交流过程造成了根本的冲击。进而，在这个巨变的过程中，各种能预见的、不能预见的现象和社会问题接踵而至。

第二，互联网突破组织性的全球化，实现基于个人的全球化。

在全球政治经济不断发展和推进的过程中，全球化一度被认为是最为重要的国际政治经济发展的趋势。在全球化的过程中，主要是以政府间、跨国企业、全球性组织机构等的贸易、交流。这种全球化主要是依靠交通的发展，对个人之间的交流依然有非常巨大的成本。能够全球化的只是少数全球化的商务精英、政治精英和文化精英。而互联网的发展，特别是 Facebook、Twitter、Airbnb 等全球性的互联网平台的发展，已经把所有人都连接在了一起。甚至有人将 Facebook 称为一个独立的帝国，根据 Facebook 公布的 2016 年第四季度财报，FB 的日活跃用户 12.3 亿，移动用户有 11.5 亿；月活跃用户 18.6 亿，移动用户 17.4 亿。这其中已经包含了全球各个国家的公民，他们在新的社区中可以直接地相互交流和沟通。这种变化带来的许多故事我们已经熟知，比如对社会运动、街头政治、政治大选等的影响，那么，还会发生什么样的故事呢？新全球化时代的故事值得期待，但更要谨慎研究和应对。

参考文献

1. 黄杰:《大数据时代程序化购买广告模式研究》,《新闻知识》2015年第4期。

2. 魏宏:《程序化购买在中国用磨合引领变革》,《广告大观:综合版》2014年第9期。

3. 倪楠:《程序化购买的多屏"穿越"》,《互联网周刊》2014年第11期。

4. 许璐:《黄晓南:程序化购买广告投放习惯正在变革》,《广告大观:综合版》2014年第9期。

5. 陈世立:《大数据背景下的移动广告程序化购买》,《新闻研究导刊》2015年第20期。

6. 王江:《中国移动广告程序化购买时代即将来临》,《广告大观:综合版》2014年第9期。

7. 佚名:《2014中国移动程序化购买行业报告》,《声屏世界·广告人》2014年第9期。

8. 杨炯玮:《解谜程序化购买》,《声屏世界·广告人》2014年第3期。

9. 闫然:《程序化购买的价值论》,《广告大观:综合版》2014年第7期。

10. 孙政:《程序化购买或将"宠冠"广告市场》,《上海信息化》2016年第4期。

11. 许璐:《程序化购买:理想丰满现实骨感》,《广告大观:综合版》2014年第 9 期。

12.方世彤:《广告的程序化购买会拯救电视吗?》,《商业价值》2016 年第 9 期。

13.周文彪:《悠易互通打破程序化购买的"数据孤岛"》,《成功营销》2016 年第 2 期。

14.陈骥:《中国的程序化购买向效率迈进》,《声屏世界·广告人》2016 年第 9 期。

15.Yang:《程序化购买,构建营销新生态》,《中国广告》2016 年第 5 期。

16.底洁:《"API 经济"下的广告程序化购买路径》,《It 经理世界》2016 年第 15 期。

17.崔安琪:《我国程序化购买广告平台研究》,《广告大观:理论版》2016 年第 3 期。

18.许正林、马蕊:《程序化购买与网络广告生态圈变革》,《山西大学学报(哲学社会科学版)》2016 年第 2 期。

19.赵宏源、杨雨薇:《人工智能方兴未艾助力程序化购买》,《成功营销》2016 年第 10 期。

20.刘亚超:《中国程序化广告投放模式研究——以 RTB 广告为例》,《新闻研究导刊》2016 年第 19 期。

21.赵夫增、丁雪伟:《基于互联网平台的大众协作创新研究》,《中国软科学》2009 年第 5 期。

22.南立新、曲琳:《新内容创业:我这样打造爆款 IP》,机械工业出版社 2016 年版。

23.任晓宁:《内容创业的下一个风口》,《中国报业》2016 年第 21 期。

24.徐达内:《内容创业者之春正在到来》,《中国广告》2016 年第 4 期。

25.熊皇:《"10 万 +"的背后:微信自媒体内容创业现状》,《江苏商论》2016 年第 29 期。

26.路北:《内容电商可以迎来内容创业的春天吗?》,《互联网周刊》2016 年第 21 期。

27.张洁:《内容创业时代:变现模式已经变了》,《名人传记:下半月》2016

年第 11 期。

28. 冰纯：《内容创业者＋电商：用户和商家都受益》，《名人传记：下半月》2016 年第 11 期。

29. 佚名：《以内容创业 BAT 三大巨头的新战场正式白热化》，《新潮电子》2016 年第 11 期。

30. 一木一草：《秀场变迁：到今天的直播网红，网红经历了几个世代?》。

31. 袁国宝、谢利明：《网红经济：移动互联网时代的千亿红利市场》，企业管理出版社 2016 年版。

32. 王先明、陈建英：《网红经济 3.0：自媒体时代的掘金机会》，当代世界出版社 2016 年版。

33. 邵明宇：《网红经济：互联网用户主权时代新力量》，中国商业出版社 2016 年版。

34. 王勇：《网红是怎样炼成的》，电子工业出版社 2016 年版。

35. 罗宾·蔡斯：《共享经济：重构未来商业新模式》，浙江人民出版社 2015 年版。

36. 博茨曼、罗杰斯、唐朝文：《共享经济时代：互联网思维下的协同消费商业模式：What's mine is yours:the rise of collaborative consumption》，上海交通大学出版社 2015 年版。

37. 蔡余杰、黄禄金：《共享经济：引爆新一轮颠覆性商业革命》，企业管理出版社 2015 年版。

38. 知乎：《知乎周刊·人人都爱共享经济?》，2015 年（总第 085 期）。

39. 曹磊、柴燕菲、沈云云等：《Uber：开启"共享经济"时代》，机械工业出版社 2015 年版。

40. 李钢、王旭辉：《网络文化》，人民邮电出版社 2005 年版。

41. 孟建、祁林：《网络文化论纲》，新华出版社 2002 年版。

42. 赵庆寺：《青年网络亚文化的文化逻辑》，《当代青年研究》2010 年第 5 期。

43. 杨鹏：《网络文化与青年：a media culture perspective》，清华大学出版社 2006 年版。

44. 亚历克斯·斯特凡尼：《共享经济商业模式：重新定义商业的未来》，中国人民大学出版社 2016 年版。

45. 赵倩倩：《从网络直播角度浅谈新媒体发展趋势——以映客直播为例》，《新闻研究导刊》2016 年第 8 期。

46. 张旻：《热闹的"网红"：网络直播平台发展中的问题及对策》，《中国记者》2016 年第 5 期。

47. 黄艺：《泛娱乐化时代网络直播平台热潮下的冷思考》，《新闻研究导刊》2016 年第 2 期。

48. 张伟、程垫丰：《浅论网络直播的现状与发展》，《课程教育研究：学法教法研究》2016 年第 8 期。

49. 冯飞飞：《网络直播的法律问题与规范》，《传媒》2016 年第 20 期。

50. 丁晓芬、王颖：《网络直播热的问题与对策》，《视听纵横》2016 年第 4 期。

51. 汪莹：《网络直播要守住底线》，《人民周刊》2016 年第 14 期。

52. 姚尧：《严管之下，网络直播前景可期》，《中国经济信息》2016 年第 20 期。

53. 陈振华：《严管时代网络直播促转型》，《小康》2016 年第 6X 期。

54. 佚名：《论网络文化——中国新媒体发展报告（2010)》，社会科学文献出版社 2010 年版。

55. 杨鹏：《网络文化与青年》，清华大学出版社 2006 年版。

56. 詹恂：《网络文化的主要特征研究》，《社会科学研究》2005 年第 2 期。

57. 苏振芳：《网络文化研究：互联网与青年社会化》，社会科学文献出版社 2007 年版。

58. 刘毅：《网络舆情研究概论》，天津人民出版社 2007 年版。

59. 刘鹏飞：《如何应对网络舆情？网络舆情分析师手册》，新华出版社 2011 年版。

60. 王国华：《解码网络舆情》，华中科技大学出版社 2011 年版。

61. 高红玲：《网络舆情与社会稳定》，新华出版社 2011 年版。

62. 丁俊杰、张树庭：《网络舆情及突发公共事件危机管理经典案例》，中共中央党校出版社 2010 年版。

63. 人民网舆情检测室：《如何应对网络舆情?》，新华出版社 2011 年版。

64. 刘毅：《略论网络舆情的概念、特点、表达与传播》，《理论界》2007 年第 1 期。

65. 曾润喜：《网络舆情管控工作机制研究》，《图书情报工作》2009 年第 18 期。

66. 姜胜洪：《网络舆情热点的形成与发展、现状及舆论引导》，《理论月刊》2008 年第 4 期。

67. 彭知辉：《论群体性事件与网络舆情》，《上海公安高等专科学校学报》2008 年第 1 期。

68. 许鑫、章成志、李雯静：《国内网络舆情研究的回顾与展望》，《情报理论与实践》2009 年第 3 期。

69. 曾润喜、徐晓林：《网络舆情突发事件预警系统、指标与机制》，《情报杂志》2009 年第 11 期。

70. 丁慧民、韦沐、杨丽：《网络动员及其对高校政治稳定的冲击与挑战》，《北京青年政治学院学报》2006 年第 2 期。

71. 曹博林：《社交媒体：概念、发展历程、特征与未来——兼谈当下对社交媒体认识的模糊之处》，《湖南广播电视大学学报》2011 年第 3 期。

72. 魏超：《网络社交媒体传播的负面功能探析》，《科技传播》2010 年第 4 期。

73. 袁靖华：《微博的理想与现实——兼论社交媒体建构公共空间的三大困扰因素》，《浙江师范大学学报（社会科学版）》2010 年第 6 期。

74. 曹雁：《论"社交媒体"对受众的影响》，《新闻世界》2011 年第 9 期。

75. 赵洁：《论社交媒体》，武汉理工大学，2010 年。

76. 刘建飞：《2016 美国大选的三个看点》，《中国党政干部论坛》2016 年第 12 期。

77. 周鑫宇：《从美国价值观看美国大选》，《世界知识》2016 年第 19 期。

78. 南晓：《这回美国大选为什么好玩》，《中国青年》2016 年第 9 期。

79. 石适：《美国大选有点乱》，《时事：高中版》2016 年第 4 期。

80. 晓岸：《2016 美国大选：事情正在起变化》，《世界知识》2016 年第 16 期。

81. Joshua、谭天：《2016 美国大选 一场左右分明的较量》，《东西南北》

2016 年第 5 期。

82. 滕雪梅、华乐功：《网络表情符号初探——以当代青少年网络文化为基点》，《北京联合大学学报（人文社会科学版）》2009 年第 3 期。

83. 谢海蓉：《论青少年网络文化消费行为的思想引导》，《电子科技大学学报（社会科学版）》2003 年第 1 期。

84. 唐红琳：《刍议青少年网络文化消费行为的思想导引》，《中国科技纵横》2014 年第 12 期。

85. 亨廷顿、王冠华：《变化社会中的政治秩序》，三联书店 1989 年版。

86. 亨廷顿、王冠华、刘为：《变化社会中的政治秩序：Political order in changing societies》，上海人民出版社 2015 年版。

87. Vincent Mosco：《传播政治经济学》，华夏出版社 2000 年版。

88. 中国人民大学政治经济学研究中心课题组：《中国政治经济学年度发展报告（2015）》，《政治经济学评论》2016 年第 3 期。

89. 丁慧民、韦沐、杨丽：《网络动员及其对高校政治稳定的冲击与挑战》，《北京青年政治学院学报》2006 年第 2 期。

90. 杨菁、申小蓉：《网络动员中中国非政府组织的作用研究》，《电子科技大学学报（社会科学版）》2010 年第 2 期。

91. 刘琼：《网络动员的作用机制与管理对策》，《学术论坛》2010 年第 8 期。

92. 俞鸿：《网络动员：如何从虚拟到现实?》，《东南传播》2010 年第 1 期。

93. 罗佳、刘小龙：《网络动员与现代思想政治工作的方法改进》，《求实》2006 年第 3 期。

94. 晏荣：《网络动员：社会动员的一种新形式》，中共中央党校，2009 年。

95. 科学世界网：《看点! 第 38 次〈中国互联网络发展状况统计报告〉》，《科学家》2016 年第 9 期。

96. 徐倩：《是时候该认真看待特朗普了!》，新华网，http://news.xinhuanet.com/world/2016-03/01/c_128766522.htm，2016 年 3 月 1 日。

后 记

互联网带来的变化是一场技术革命，如何看待这一革命性的变化成为时代性的命题。在各种学科领域内，互联网研究或与之相关的研究正在蒸蒸日上，可以说基本上所有的社会科学都在围绕着这一主要命题进行理论的发展或转型。

可以看到的是，各种全新的现象，无论好坏，都在加速度地出现。许多研究和讨论观点依然停留在老思路、传统的框架内，没有认识到这一变化对整个社会体系的撼动作用。此外，还有些研究者和观察者把视野局限在归纳总结的层面。此类研究虽有价值，但已跟不上时代的发展速度。

所以，我们强调的是一定要找到变化的逻辑，只有找到技术与社会现象结合之后的变化逻辑，才能真正地理解互联网，才能够预测互联网对社会发展的各个层面的影响和未来的发展趋势。这是我们必然要面对的历史使命。本书从互联网平台出发进行研究总结，概括出来互联网平台与微力量之间的逻辑。并在此逻辑的指引下，从经济政治两大层面对目前的互联网现象进行了系统化的分析和论证。

不得不说的是，社会现象是复杂的，一边是快速发展的市场经济和比较薄弱的技术基础，一边是庞大的市场规模和多层次、多样化的社会背景，同时，还有社会经济快速发展遗留下来其他社会经济问题。从现代化的发展轨迹看，我国的发展状况依然有诸多的不足，许多方面还处在粗犷的狂奔阶段，没到达"慢下来"仔细梳理问题、解决问题的时候。在这个时代，突然出现了一个搅动全球经济社会发展的互联网，而且，由于我国庞大的人口规模和快速发展的互联网商业应用，这一技术变化对中国的影响又远比任何一个国家都更为深刻和广泛。所以，对于互联网的研究不仅要鼓励从各个学科、各个领域着手进行，还要引导和鼓励优质的研究理论成果的出现，占领国际学术话语权，支持我国在互联网领域内的国际领先地位。

总的来说，社会经济政治文化等各个层面的变化同时交织在一起，传统的框架内的发展战略和内容还未成熟。要不要"互联网+"？还是继续朝着现有的规划前进？各种争议性的结论不断出现。同时，又有许多社会问题，恰恰是由于互联网的出现得到了解决。我国经济发展状况非常复杂，跨越从农耕文明到物质高度发展的各种经济形态都有，一些经济基础薄弱和文化水平不高的地方，互联网带来的危害反而更大。总而言之，想要分析清楚目前的状况不能大而化之，而要深入每一个具体的问题领域，经过深入的分析，一条条地缕出来，说明白，然后再整合起来，看看情况到底会向哪个方向发展。

弱水三千只取一瓢。本书的旨趣在于对政治经济问题的分析，只选取了互联网技术这一个变量，从这一个变量出发，沿着笔者所概括的互联网逻辑进行分析，从传播模式到经济发展方式，从内容产业到互联网文化，从网络安全到互联网舆情，从网络直播到街头政治，这些现象看似分散，其实具有很强的内在逻辑。一方面，本书从核心逻辑出发分析各类经济社会现象，另一方面又通过此类的分析重新调整和修正以往的逻辑假设。最终形成了这样一本关于互联网研究的书稿。可以说，本书稿更多的是提出问题供各位读者讨论，因为我们尚处于剧烈变化的过程之中，一切还没有定论，但是就像我们在书中所呈现的思维方式一样，不管怎样变化，技术是中立的，我们只有把握了变化的逻辑和趋势，才能做到为我所用，趋利避害。

本书的各个部分虽然在讨论互联网发展所涉及的不同领域，但各个部分又在"微力量"这个核心的概念下统一在一起，由此展现新技术发展给社会政治经济生活带来的总体变化。可以说，文化、政治、经济几个领域的变革正在融合统一。由于篇幅和论证主题所限，本书没有更多地就融合趋势展开讨论，但是联系我们所涉及的各种现象就会发现，原本工业社会中条块分割的社会体系正在由于互联网的出现而展现一种大融合趋势。这正是人类社会未来的基本趋势。这种融合一方面在消融过去的逻辑，另一方面也在塑造新的商业形态、治理思路和国家意识。

比如说，从国家战略传播的层面，国家和政府多次强调建立具有全球影响力的传播集团，提出了媒体融合的战略思想，但是近几年的发展却收效不大，究其原因就在于传统媒体和新媒体各自关注自己的利益，在谁融合谁的问题上拉锯。从国家层面来讲，并不关心具体的行业之间、商业主体之间的争论，而是着眼于国际传播能力的建设。这个问题是在新的新闻传播环境中面临的重大问题，这不仅关系到对国际舆论环境的引导，也关涉到国内意识形态宣传的模式转换。非常明显的是，过去依赖传统媒体进行意识形态建设和舆论引导的经验和方法效果越来越艰难。怎么办？依赖互联网、依赖新媒体，扶植传统媒体等固然是必须要走的道路，但是如何做到，从根本上讲是找到一个全新的模式。这个模式要从国家战略利益角度考虑，而不是从某一个行业、某一家媒体机构的利益出发。本书已经把这种思想贯穿到了各个章节之中。

在第一章对几大主要的互联网平台进行阐释之后，第二章便对程序化传播的全新营销传播的模式进行了系统的介绍。商业是对变化最敏感的，反应最快的，我们的任务是把商业实验中已经看到成效和未来的模式引进到政治传播之中，因此第二章就意识形态宣传、舆论引导如何利用程序化传播进行了大胆的建议和规划。同理，在内容商业化一章中，我们也在最后一部分对如何利用互联网文化下成长起来的青年人进行针对性的内容生产，进行爱国主义教育、家国认同培养，通过《那年那兔那些事儿》案例进行了详细的阐释。我们期待的是，这不是一个孤立的案例，而是从中总结出规律和经验，形成一整套模式。因此，本书又探讨了互联网文化的变化和青少年的行为方式和社会心理的悄然变化，通过"帝吧出征"这一案例说明了，青少年并没有沉迷于娱乐，而是都有一颗爱国家爱社会爱家庭的心，现在需要的是相关政府部门、社会组织等进行有效的引导。

再比如，互联网带来的新问题，并不仅仅是表面上看到的对网络安全、数据安全战略、公民隐私的侵害，受境外势力刻意引导的街头政治、为了商业利益不惜破坏青少年成长环境、破坏社会风气等问题，这些问题固然重要，但更为重要的是那些真正在撼动根基的问题。这些突然出现的新问题紧急而又重要，我们固然需要立马着手解决，这是没问题的，但是要明确的是，这些问题不从根本上解决就会周期性地出现的，而且这些问题是快速发展的经济社会变化和落后的政策以及监管法规之间的矛盾（当然也包括治理思路和管理思想的滞后）。还要看到，散落在各个章节中的那些重要且隐蔽性地发生变化的内容，比如说共享经济中提及的人与人之间的交易已经足够养家糊口之后，便不再进入所谓的"就业"状态，通过内容创业可以获得丰厚回报的个人没有"正规工作",也不关心自己是否身在社会保障体系,这种变化才是根本的。经济发展如何应对这种变化?这种变化会成为主流吗?如果成为主流,那么我们现有的理论体系、社会机制和治理思想全都需要"大换血"。同样的是,我们看到的是特朗普利用 Twitter 等社交媒体登上总统宝座并利用这一平台"Twitter 治国",我们也看到利用社交媒体进行街头政治的社会动员与社会组织,我们看到了"帝吧出征"的"自组织",怎么理解这样的变化?这些背后的日常生活逻辑的变化才是最根本的,因为它必将传导至商业逻辑、政治生活、国家认同的内在机理之中。

本书通过上述几段的论述想告知读者的是,互联网的研究是一条重要而又漫长的道路,本书的研究框架和逻辑只是一个基础,其背后的个人日常行为的深刻变化,各个领域之间的界限模糊与相互融合之后会催生什么样的新社会生态,这些都是我们要去研究、预测的重要议题。虽然变化快速、剧烈,但是我们要相信,预测未来最好的方式是创造未来,要行动起来,沉浸到波涛汹涌的时代潮流中,融入它,引领它,才能利用这一千载难逢的技术变革实现国家的复兴和民族的强盛。

责任编辑：曹　春

图书在版编目（CIP）数据

微力无穷：平台时代的互联网政治与中国治理／陈传仁 著．—北京：
　　人民出版社，2017.3
ISBN 978－7－01－017395－5

Ⅰ.①微…　Ⅱ.①陈…　Ⅲ.①互联网络－管理－研究－中国
　　Ⅳ.① TP393.4

中国版本图书馆 CIP 数据核字（2017）第 031671 号

微 力 无 穷
WEILI WUQIONG
——平台时代的互联网政治与中国治理

陈传仁　著

人民出版社 出版发行
（100706　北京市东城区隆福寺街 99 号）

北京盛通印刷股份有限公司印刷　新华书店经销

2017 年 3 月第 1 版　2017 年 3 月北京第 1 次印刷
开本：710 毫米 ×1000 毫米 1/16　印张：20.25
字数：198 千字

ISBN 978－7－01－017395－5　定价：58.00 元

邮购地址 100706　北京市东城区隆福寺街 99 号
人民东方图书销售中心　电话：(010) 65250042　65289539